not only passion

not only passion

THE JOY OF ORGASM

許佑生

爽經

dala sex 029

爽經
THE JOY OF ORGASM

大辣

作者：許佑生

插圖：蔡虫

總編輯：黃健和

責任編輯：陳品方

企宣：吳幸雯

美術設計：楊啟巽工作室

法律顧問：全理法律事務所董安丹律師

出版：大辣出版股份有限公司

　　　台北市105南京東路四段25號11F

　　　www.dalapub.com

　　　Tel：（02）2718-2698　Fax：（02）2514-8670

　　　service@dalapub.com

發行：大塊文化出版股份有限公司

　　　台北市105南京東路四段25號11F

　　　www.locuspublishing.com

　　　Tel：（02）8712-3898　Fax：（02）8712-3897

　　　讀者服務專線：0800-006689

　　　郵撥帳號：18955675

　　　戶名：大塊文化出版股份有限公司

　　　locus@locuspublishing.com

台灣地區總經銷：大和書報圖書股份有限公司

　　　地址：242台北縣新莊市五工五路2號

　　　Tel：（02）8990-2588　Fax：（02）2990-1658

　　　製版：瑞豐製版印刷股份有限公司

　　　初版一刷：2011年8月

　　　定價：新台幣 399 元

Printed in Taiwan

ISBN：978-986-6634-16-1

THE JOY OF ORGASM

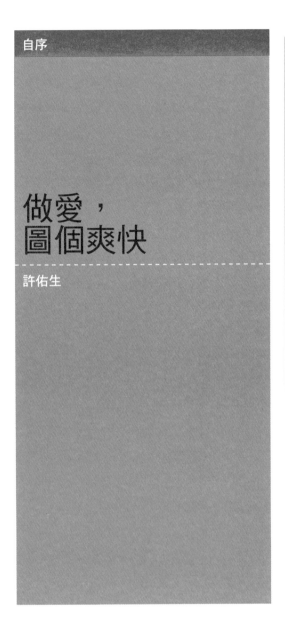

做愛，
圖個爽快

許佑生

1.

不曉得你注意過沒有？漢字裡的「爽」，是一個很有意思，且耐人尋味的字。

假若不去探究深層的造字源起，僅以字面解讀，「爽」字其實洩露出很大的民族個性與文化真相。

把「爽」字分解，上面是一橫的「一」，中央是兩撇的「人」，合起來意指「一個人」。

仔細瞧，這個人的左右側邊，各扛著兩個沈重的大叉叉，形同身上一共被打了四個叉，似乎強烈地暗示：一個人想爽的話，造字時代老祖宗頒下的訓示是「No! No! No! No!」。

儘管，咱們老祖宗寫出了傲視全世界的房中術古籍，如《黃帝內經》、《素女經》等，對交合之道有深入關懷；然而，重心皆放在如何藉由交媾養生。

顯然，老祖宗對房事之終極關心，乃遂行採陰補陽、延年益壽；而非主張致力追求身體的爽快、心靈的歡愉。

這樣的思潮歷代一以貫之，「爽」彷彿從性行為中被抽掉，在人間蒸發了。即使直

到現代，我們這個民族還是少了那麼一股風氣，可以不諱言大聲鼓吹：最美好的性奠基於「有沒有爽到」、「爽到多少」？

此一思維脈絡，正是我寫作《爽經》發想，不僅不閃避、不迂迴「爽」，甚至還要敲鑼打鼓、正面擁抱「爽」。說實話，從前戲到床戲，雙方爽之樂之，本來不就應該是性愛追逐的最高目標？

《爽經》以爽為目標，言簡意賅。但為何以「經」為名，內分心法、功法、爽法、兵器械法四卷，宛如練功之經籍，原因倒是得好好解釋一下。

2.

人們對性的最大誤解，莫過於認定：性是一種天生本能，出於衝動，發洩了事。

但若想創造最美妙的性體驗，絕非靠一時氣血衝動；更重要的憑據，來自於學習。

對的，性，是需要學習的一樁人生要緊事兒。只有透過學習，才有可能打破觀念的藩籬、了然生理的實況、掌握性愛的技巧。

長期以降，很多人對所謂「性的學習」，還僅止於談談性教育而已；性之為物，總必須頂著性教育的大帽子，才敢出門示人。

學習領域如果一涉及性技巧，恐怕便會被編派「奇巧淫技」。如《書經》泰勢下：「郊社不修，宗廟不享，作奇巧淫技，以悅婦人」，就迸出這類好大的罪名！

翻開歷代與近代的漢文書寫，舉凡提及閨房樂趣有關的花樣，都以「奇巧淫技」一語涵蓋，而當事者俱成西門慶者流。

人們的處境越來越尷尬，明明感受畫眉樂或有冷卻之跡象，有活化之必要，卻羞於面對、恥於求教、窘於改善，性愛品質始終原地踏步，甚至倒退嚕。

所以，與其整個文化體系繼續噤口，與其整個民族繼續裝渾下去，我們深受連累；那何不就成熟一點，也誠實一點，把親密性行為的技巧，放入性教育的一環，當作重要的學習項目呢？

我們即早承認這個必要，即早開始學習，當然就即早享受高水準的床第之樂！

《爽經》因此借用許多人鍾愛的武俠小說風格，將各類性技巧鋪陳為練功招式，全

書變為一本練床功的武術秘笈。因為，性本身有趣極了，它值得以同樣有趣的方式包裝呈現。

3.

我們對性的態度已經扭扭捏捏幾千年了，過去以往，性的發言權旁落道德家、儒師、醫學權威，所言內容均屬旁敲側擊，從沒回到基本面：性愛歡愉。

性，遂宛如一隻天性活潑蹦跳的兔子，被關進道德、禮教、疾病的三層緊閉牢籠內，活力漸失，光彩不再。

我個人從事寫作多年，情慾一直是專注的題旨，常在思索什麼是健康的性態度？怎樣提升性愛的質地？

繼之，我選擇攻讀性學博士，從諸多面向去研習性的千嬌百媚、多姿多采，「橫看成嶺側成峰」，更加確認身為性學家的職志——為性發言，替性愛找回它自己的聲音。

現代人文、社會科學發達，性學已在晚近的歷史崛起，過去沒有性學這塊研究領域，沒有性學家這樣的身分，關於性的詮釋、性知識的傳遞，都由前述的道德家、儒師、醫學權威代勞。

他們的發言，使得本來面目已很晦暗、身子遭受偏見綁架的性這碼事，更形渾沌，真相扭曲。

性的真相到底是什麼？沒錯，它是繁衍途徑，它是感情結合，它是婚姻義務；但別忘了，它也是肉體歡愉。

做愛圖個爽快，是人生最說得通的道理，不必質疑，也不容置疑。

翻開《爽經》，祝福你練床功時，開開心心；「驗收」時，爽爽快快。■

讀經大法，練功要領

分為心法、功法、爽法、兵器械法四卷。

【心法】

心法，練功之起始，旨在調整心態、建立正向思考。唯有觀念清楚，基礎方可穩固，練床功才能衝對方向、全力以赴。

◎女人心法

女性長久以來，在性愛方面難以享受高潮，有諸多心理因素。本卷心法教導女性如何學習放輕鬆、祛除心中陰影，以品嚐更深入的性歡愉。

例如，傳統角色壓抑女性不敢追求情慾、女性深受身體魔咒的綑綁，對自己身體高度不滿、女性對性器官的負面觀感……這些都深刻影響了女性高潮。

女性讀者閱讀此卷心法，藉此檢視自我是否陷入上述情境；無則嘉勉，有之循心法步驟，逐一鬆綁，讓自己的性愛世界海闊天空。

男性讀者閱讀此卷心法，可多理解女性的情慾處境，更加體恤、疼惜。

◎男人心法

男性長久以來，在性愛方面亦有心理盲

點、干擾或障礙，需要釐清，希冀經過梳扒，觀點補強後，從內在發出更大的性能量。

例如，想要帶給女性高潮，必須先了解：何謂性高潮？怎樣進一步設身處地，去體會女性高潮的滋味？怎樣做好心理建設，成為一個好情人……

男性讀者閱讀此卷心法，宜開放胸襟，勿受限於男性角色，放大自我的學習潛力。

女性讀者閱讀此卷心法，可從中多理解男性的情慾受到何種限制，從此予以體諒。

【功法】

功法，係練功之主體，重心在研習技巧→實踐技巧→發揮技巧。

簡言之，這裡的功法就是指「床功」，舉凡招式、體位、力道拿捏、創意出擊……都涵蓋於功法篇幅。

◎女人功法

提供女性兩項法寶：上床前的胸有成竹、上床後的花招盡出。

例如，女人射精是怎麼一回事？它不僅不神祕，而且簡單易練，只要抓準練功竅門。乳交，是一門帶著神祕氣息的床功，它的益處比妳想像來得多。男人在清晨勃起時，女人怎樣略施小惠，讓他與它天天感激……

女性讀者閱讀此卷功法，不宜躁進，部分床技需假以時日練習。練功，聽起來有點乏味；女性偏愛浪漫，不妨把這些練功都當成私下遊戲、為真正情慾上陣演出的彩排。

男性讀者閱讀此卷功法，提醒自己掌握女性情慾上的優勢、弱勢，溫柔地協助她截長補短。

◎男人功法

提供男性在慾望突破上所需要的口技、手技、屌技，招招實用。

譬如，怎樣透過吸食奶茶，利用珍珠粉圓的滑潤感，增昇舌技功夫？如何同時滿足女性的三點要穴：G點、陰核、奶頭？怎樣抽送得像一隻精力旺盛的兔子……

男性讀者閱讀此篇功法，可一邊練功，一邊實際驗收。然後，將驗收結果，當成繼

續練功精進的修正標準。

女性讀者閱讀此篇功法，提醒自己傳統情慾固然都以男性主動居多；但當男性「施出武功」時，女性也要熱情以對，不能讓他練功一頭熱而已。

【爽法】

從床下心法，一路練到床上功法，最終目的當然為了享受一場「爽之饗宴」。

爽，事關雙方，故以「二人爽法」為綱目；強調不管親熱或性交，兩人必須付出同等心力，合作無間，始能彼此盡興。

爽法三十招，根據一般人嘗試的多寡次數、學習的難易度，區分基本階、中階、高階三段。

完全看個人意願挑選，由淺起步，風光已旖旎；隨著難度漸增，步入過去罕見佳境；我鼓勵至少向高階爽法挑戰一次，成則意外驚喜，不成也猶榮。

【兵器械法】

兵器械法一卷，精選目前最新出爐、功能最夯的情趣用具。

「工欲善其事，必先利其器」，這裡的新產品都值得投資，為自己或為伴侶預約一場助興高潮吧。■

contents

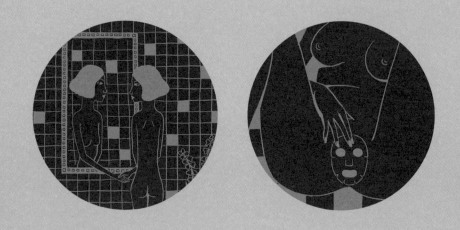

人法
女心

001

只是性，放輕鬆

女性學會以幽默看身體

本招祕訣

若不習慣觀看自身的裸體，那麼在性行為中就會不敢放鬆。最簡單的訓練是洗完澡後，多待幾分鐘，看看自身的裸體，更可從各種不同角度欣賞，慢慢跟自己的身體發展成好友關係。

妳怎樣看待自己的身體呢？上街添購衣服、化妝品、保養品時，它是妳的好姊妹；那上床之後呢？它會突然從雲端摔下來，令妳發窘、羞愧、覺得丟臉、欲加藏匿嗎？

如果有這種落差的感覺，妳並不孤獨，很多女人跟妳一樣，對待脫光衣物的自身裸體，在性愛過程中總是放不開，覺得不妙。

說到關鍵了，那麼該如何做，才不會一直在為自己裸體打分數呢？答案是「培養幽默感，以幽默跟自己的身體和諧相處」。

下面幾則有趣的例子，也許可帶來新的啟發：

一位英國老兄有「一根筋」不太對勁，突發奇想，透過eBay網徵求在他陽具上刊登廣告的業主，索價3,000英鎊。

這位被戲稱作天才拍賣的賣家說，他願意在自己陰莖上將網路廠商的商標刺青上去，成為永久性廣告。他指出，允許得標的公司將刺青過程拍成影片，作為未來宣傳之用。

男人在賣陰莖，也有女人在賣陰毛，一根陰毛價值200塊美元。你以為是塗上金粉的陰毛嗎？可不！它只不過一根平凡的女性陰毛罷了。

這個賣陰毛的網站，名稱挺誠實，叫做「百萬陰毛」，目標是募集一百萬美元。陰毛主人聲稱她愛極了全身光溜溜的滋味，尤其重點部位除毛之後，穿上比基尼可以越短越好。不過，她嫌每次都要動手刮體毛，特別是細嫩部位的陰毛，實在不勝其擾。

她便想到一勞永逸的方法，乾脆去動雷射手術除毛。不過手術費用龐大，她無法支付，靈機一動冒出了賣陰毛湊錢的點子。

當然，這門生意是有竅門的，除了花200塊美金買一根陰毛，最主要的生意著眼點，是在首頁她穿著彩色小比基尼的胯下圖案上，廠商可以任選一個區塊，打自己的品牌廣告。

藉著這個賣陰毛的噱頭引人注意，每天點閱的大流量，順便即可讓廠商的知名度隨著那一小塊logo（10×10的方塊）曝光。

如今，她已經賣出190根陰毛，反正隨時一拔就有，無本生意可以慢慢做。

還有，你能想像世界三大男高音，赤條精光站在台上唱歌劇嗎？

這種事並非不可能發生，至少情況十分類似：莎翁四大悲劇之一「馬克白」演員全脫了！

華盛頓莎劇劇團演出全裸版「馬克白」（這齣劇作在莎翁戲迷眼中地位崇榮），演員們居然脫光，演的還是悲劇，那真有好戲看了。到底要人哭？還是要人看著男女演員身上零件晃來晃去，而忍俊不住呢？

一位年輕觀眾在網路留言，幽默地說這齣戲應該不叫全裸版，因飾演馬克白那名體型壯碩的男演員脫光了，全身毛茸茸，背部長滿體毛，一絲肉色都看不到，根本「有脫等於沒脫」。

像以上這類跟身體相關的有趣事兒，飄著濃濃幽默感，恐怕很難發生在國人身上。

如果有一個巨大的磅秤，來秤秤中華傳統對於性的重量、對身體的看法，肯定會破表，有著不可承受之重。

在古聖先賢的眼中，身體是用來「修」（修身），而不是用來「咻」（嘿咻）。

國人向來偏於保守，不僅在性方面放不太開，連看待身體都挺嚴肅。不管是儒家的身體觀、理學的身體觀，都跟禮教糾纏不開。

站在性學研究的專業立場，我必須肯定地指出：如果一個人無法輕鬆對待自己的身體，而想要享受愉悅的性生活，那是緣木求魚。

這方面女性受影響尤深，由一例可得知，男生從小在家夏天被允許打赤膊，女生則被要求「惜肉如金」；稍涼快一點，都會被視作沒家教的壞女孩。

在性慾上，女性被旁人也被自己盯得很緊，無法輕鬆享受過程，很多係源於先天上缺乏對自己身體的輕鬆感、幽默感、親切感。

幸好，倘如女生願意後天上立定決心即時學習，並非不能扭轉局勢，為自己創造性愉悅。

勿把責任都賴給古人

源遠流長的中華道統，給了我們的身體加了一道鎖沒錯；但我們不能在觀念上，一直死守到底，認為這是民族遺傳，我又能奈何？

首先別誤會，以為幽默看待身體是西方人獨具的民族性，東方人是絕緣體。不然也！東方人以日本為例，他們對身體的幽默，即「笑很大」。因此擁有幽默身體觀，東方人絕非不能，是不為也。

例如，日本導演北野武在《導演萬歲》中，幽了自己的身體一默。片頭，一個「假北野武」在醫院接受電腦斷層掃瞄，既是假人，能掃瞄出什麼東西？但電影還是煞有介事地演，當醫護人員認真地做完斷層檢測時，慢條斯理地跟病人說：「下次麻煩本人到場」。看到這裡，觀眾都不免笑了。

以情色來講，日本浮世繪有一系列很有名的畫作，把兩個人的頭顱畫成龜頭、陰戶，全身一樣穿上相撲手的綑綁型丁字褲。

這兩位龜頭男、陰戶女在場內相撲對決，畫家以幽默手法表達男女交媾，如一場貼身搏鬥，實在令人莞爾。

古人也有幽默與情色

說回到中國漢字文學，可能出乎你意料，竟有不少對身體的描述，而且相當生動有趣，以現代人尺度來看，照常大開眼界。

例如，張鷟《遊仙窟》男主角與仙女口頭調戲，利用雙關語吃豆腐。

書中，叫十娘的女子欲吃水果，走到張鷟家借小刀。張鷟當場「藉物」抒發內心慾火：「自憐膠漆重，相思意不窮，可惜尖頭物，終日在皮中。」

十娘立即領會，也跟著調情起來，回應道：「數捻皮應緩，頻磨快轉多，渠今拔出後，空鞘欲如何！」

兩人藉物大調其情，以刀喻男性私處、以鞘喻女性私處。最是精彩的那一句「可惜尖頭物，終日在皮中」，恐怕道盡了普天之下春心蕩漾的男士內心話。

芙蓉主人輯《癡婆子傳》也以頗具創新的比擬，來述寫男女性器官：「而男之凸者，從陽氣轉旋時當不覺血足神旺，而凸者剛勁，或婦以其凹者過其前相值，而以凸投其凹，彼實訝此之獨無凸……。」

一段話充滿了凹凹凸凸兩個字，形狀神似

男女私處，呼之欲出，實在惹人遐思。

還有一例，元朝《牡丹亭》以「似蟲兒般蠢動」，一針見血寫出柳夢梅與杜麗娘的私下燕好。

名著《紅樓夢》中，薛蟠與蔣玉函飲酒作樂，蔣琪官清唱小調：「荳蔻花開三月三，一個蟲兒往裡鑽，鑽了半天，鑽不進去。爬到花兒上打鞦韆。肉兒小心肝，我不開了，你怎麼鑽？」

以上，都是中國古典文學裡，對於身體重要部位、男女性交的傳神之作。老祖宗並不像我們想的那般保守，身為後代，可別認輸了。

多看看自己裸體

我們若不習慣觀看自身的裸體，那麼在性行為當中，就會避免去看，不敢放鬆展現，心頭有了牽掛。分心的結果是，做愛做得零零落落。

習慣自己的裸體並不難，最簡單的訓練是洗完澡後，不急著穿衣服，多待在浴室幾分鐘，看看自身的裸體，久之便看順眼，跟自己身體成了好友關係。

方便的話，不妨利用鏡子，演出古代詩詞「照花前後鏡」，擺動身子，前看後看，從各種不同角度欣賞，你會驚奇地看到不少嶄新一面的自我。

我時常打一個比方，如果你家隔壁住著一個鄰居，乍看模樣有點怪。但一起等電梯久了，看慣之後，也覺得他長得很平常，甚至挺順眼呢。

我們對自己身體也是這般，一個不習慣裸體的民族，當然一裸露便哪裡怪怪的。帶著這一副裸體上床行樂，好像有一個陌生人跟著你，三人在床，你當然很放不開。

不過，一旦你很習慣與自己裸體相處，看遍自己全身，上床後，一舉一動就會很釋懷，隨心所欲。在輕鬆之餘，自然能提高性愛歡愉。

女人如花，所以女性們，自己先做個賞花、愛花人，花兒才會越顯嬌媚。■

002

冥王星女人
復活了

解除女性慾望之鎖

本招祕訣

過去，女人嚴格監督身體、漠視慾望，原因在於怕懷孕。如今，發明了避孕藥、保險套後，性行為不再等於受孕。做個現代女人，請積極擺脫體內基因的管控，善待自己的慾望。

不是有一本書名，叫男人、女人來自火星、金星之類的？我要揭穿的是另一層真相：有的女人們來自冥王星！望文生義，表示她們的慾望自動進入冷感期，被甩在黃道九宮的最荒涼邊界。

一個男人的性慾強，好像只要臉皮厚就能生存，多數男人噤聲不語同情，某些女人亦能相當程度諒解。

但一個女人若是慾火旺，可天壤之別了，不僅男人這時假惺惺起來鄙夷，連女人也加入丟石頭行列：「敗壞我們女人的臉！」兩大陣營都要圍剿她，自家姊妹絕不會手下留情。

2010年1月，賭城拉斯維加斯通過一項法案，同意賦予男妓合法的工作權。從此，老公帶老婆、男人帶女友去賭城不管開會或純粹去玩，男士們會突然半天遁走，即使老婆、女友確知他去嘿比了，她會敢在合法制度下，放自己的情慾一馬，也讓身體被另一個男人侍奉如女神嗎？

女人被慾望管死死的，不一定是婚姻，而是腦子；即令有些單身、單親的女人在有合法機會買春時，她們買得下手嗎？

男人不是每個外在條件好，隨便在酒吧還釣得到美眉。因此放聰明，以錢來「掏一掏自己」，事後又是好漢一條。

但女人有可能這樣做嗎？以前推說法律不許，現在沒藉口了，賭城已經准了，有史以來男人第一次可以合法賺身體錢。

但始終被傳統巨大力量驅逐到「冥王星」的女人們，被迫已經幾近性冷感成習慣了的身子，會突然敢對自己解嚴？

OnePoll.com剛對3,000名網友調查，男人每天13次想到性，女人5次。我們一直活在男人的慾望強、女人慾望弱的「層層疊疊公文報告夾」裡，始終被這個結論洗腦。

妳願意相信每次聽起來都像是為男人設計的問卷，或是相信自己慾望的直覺：我的身子也許來自冥王星，但我的慾望跟男人一樣，來自火星！

我有位女友與前任男友分手後，三年「吃素」，沒被半個男人碰過。最近她給朋友拉去作專為仕女服務的猛男按摩，回家大哭一場。

她的身體重新被男人觸摸，好像在外晃蕩三年的遊子返鄉。雖屬純按摩，畢竟是男人寬厚的手在肌膚上遊走，每粒被前男友愛撫、親熱過的細胞，從奄奄一息中活過來，再無寧日，一直吵：「我們還要！」

她開始觀察周遭親友，發現自己並非個案。女人斷了前任關係，就進入「守寡」期，身體戴孝，「門扉」深掩，還忿忿鎖上兩道鎖。

男人正好相反，一跟女友分，不再受束縛，像「喪期已過」，開始穿花衣裳，扮一隻花蝴蝶，鑽向女人堆。

男女處理「緣分已盡」，態度180度相異：【男人】加速去找別的女人，理由是移轉感傷；果然不久便消腫，又是一條好漢。【女人】從恨男友開始，一路恨到天下男人；因此不再接觸別的男人，感傷越積越腫。

分手後，男人補償（或該說是犒賞）自己；女人懲罰自己，所有福利通通撤銷。

我這位女友跑來跟我訴苦，怨自己明明身體想「通」了，腦子卻還似晚娘舍監一般管著身體，不准外宿。她問，為何女人要一夜情這麼難，自己這一關都過不了？

心法祕術

「男人花心，女人癡心」、「男人重性、女人重情」……這一類如咒語般的論調，老是在洗女人的腦，告誡自己「情感比肉體高尚」、「節慾比享慾優雅」。

但這樣的觀點，到底是幫了女人，還是害了女人？妳有沒有想過，這可能是男性父權社會的大陰謀？讓女人被洗腦後，自動放棄滿足肉慾的機會，男人因此不必擔心「他們的女人」或「未來有可能變成他們的女人」玩出癮頭，而不再容易乖乖地好哄好騙，綁在身旁？

女人如果能夠了解自身的生理結構、慾望模式，就會找出把她的慾想緊緊拘束的那道鎖在哪裡，唯有先找出位置，她才能開鎖，讓自己自由。

電影「納尼亞傳奇」中，四位年輕英雄走在林子內，姊姊說：「這裡是哪裡呀，我怎麼都不認得？」

哥哥調侃道：「女孩子的腦袋裡都不裝地圖。」

妹妹立即一記回馬槍過去：「那是因為女孩子的腦袋，都是裝腦子。」

所以，關於「慾望」這個糾纏的議題，女性們即應該發揮腦子、智慧，不被男人意見牽制，好好地看清楚自身的出路，不再受困。

三十億精子vs一粒卵子

男人的情慾趴趴走，女人的情慾恬恬坐，為什麼差這樣多？

近來，學界有一種說法，指出男女情慾處理方式不同，乃跟基因有關。男人一次射精有1億個精子，一個月大約能製造出30億條精子。而女人一個月才產一顆卵子，形成1：30億的懸殊之比。

這造成男人對每次性行為容易青青菜菜，反正精子多到用不完。相反地，女人體內一個月才「辛苦醞釀」一粒卵，一輩子大約生

產400粒成熟卵子，從夏娃以降，自然會守「卵」如命。

在遠古時代，人類生存條件險峻，與其他生物競爭激烈，甚至互相成為獵物。女性因生理不如男性強悍，與野獸搏鬥居於劣勢，找尋可靠異性保護、幫助獵食，遂為可行之道。

當時，一位女性若輕易與男性發生性關係，受了孕，萬一這個男人喜愛到處流浪，或沒責任感，或體力衰弱無法保護她與未來生下的小孩，她不僅浪費寶貴的卵子，也可能加害到自身與後代。

女性體內基因促使她們對挑伴十分謹慎，不輕易發生性行為，以免被「不合格」男人糟蹋浪費，喪失自身最大利益。

過去的原因消失了，自己作主

這一套說法，備受女性主義攻擊，認為替男性的拈花惹草行為開脫。但姑且不論男性部分，僅就女性部分細想，它以基因說解釋了女性不熱中追求肉體快感，在享慾這件事情上過於拘謹，亦不無幾分道理。

然而，就算這種說法有道理，的確是基因在控管女人的話，對找到脫困之道有助益嗎？

當然有，女人過去嚴格監督身體、漠視慾望，原因在於怕懷孕。如今這個原因消失了，自發明避孕藥、保險套後，性行為不再等於受孕。

以前女人不犒賞身體，可歸因於遺傳「在遙控」；但現在若還不能善待自己的慾望，反而自動把脖子套進傳統為女性設計的枷鎖中，那恐怕要歸咎自己了。

別繼續中計，請積極地從這個習慣性管控中走出來吧！■

003

美麗的女人花

發現女陰之美

本招祕訣

對自己私處感覺舒坦自在的女性，其做愛滿意程度，是私處意象相對貧乏女性的61倍。建立健康愉快的「私處印象」：可以練習自畫陰戶，也可觀賞藝術家的畫作，體會陰戶有如花朵之美。

對一些不喜歡自己私處的女性，攝影藝術家尼克·卡拉斯（Nick Karras）彷彿一位救世主，他的黑白作品集《花瓣》（Petals），正像她們得以救贖的聖經。《花瓣》專門拍攝女性陰部，每翻一頁，宛如觀覽一朵花。

尼克所以會有這個獨特靈感，來自他為女友拍照。她在照片中，發現自己對陰部原來的那種負面觀感，完全被美感取代。本來，她所嫌棄、厭惡的女陰，竟意外變成了一朵花顏。

從女友的改變，尼克才發覺許多女性也對自己陰部有類似嫌惡。當他選擇這個題材後，接觸了上百位女性。他無須廣告，也不必付錢，因為這些女性都把被尼克攝影的經驗當作一種心理治療，樂意接受。在尼克鏡頭下，原本讓她們毫無好感的女陰，轉變成賞心悅目的一景。

這些女人並不感到在幫尼克完成攝影集，反而覺得尼克幫了她們，從受困的女體羞恥中脫身。

尼克很珍惜這些女性克服了擔心、害怕，願意與他合作。他相信女性陰部是自然界

最有藝術感的東西之一，像是花，又像是雪片。

一些女性會在拍攝完後聚談，分享了隱忍未發的祕密。討論中，十分熱鬧，例如「喔，天，原來長得都差不多嘛」，或「我以為我的不正常，但跟那幅也滿像的。」大鳴大放後，大家都難得地心曠神怡。

安妮·史賓格（Annie Spinkle）自少女出道以來，拍過無數A片，被稱作美國情色天后。她取得性學博士學位（是我攻讀博士同一所性學研究院的學姐），出書、演講、表演、擔任代言人樣樣都來。

HBO頻道曾將她當成一代奇女子介紹，她有一項表演令人大開眼界。她不是出席牛肉場，而以堂堂貴賓表演者的身份，在高級宴會中，置身一堆衣香鬢影的紳士女郎，臥躺在舞台中央，雙腿打開，邀請大家走上前一步，輪流欣賞她的陰戶。

她以幽默、調侃口吻，循循善誘在場男女像逛博物館經過她身邊，「你在看我嗎？你可以再靠近一點！」她的整齣舞台秀就是一個女體的妙麗裝扮，任君一邊看活春宮，一邊跟她對話，經驗詭異美妙。

有一次校友聚會，安妮拿了兩片繪成陰道的布簾，要每個學弟妹從布簾中央那條線伸出頭，以立可拍攝像留念。她說：「美麗吧？這就是你出生那一刻的樣子。」

安妮一再強調，女性若不喜歡，甚至厭惡自己的性器官，絕對無法享受性愛。因為這樣的女人上床後，精力都耗在對抗這一股負面印象，而沒能集中心神陶醉性愛中。

性器官，等於是性的工具。女人如果不喜歡自己的私處，如同帶一把用得很不順手的工具，什麼活兒都很難幹得好。

「身體意象」（Body Image），是自我認同的第一步，指一個人覺得自己長得如何，喜不喜歡自己的身體？與身體的關係是親密或疏離？這是主觀的態度，妳「覺得」它美就是美，「覺得」它醜就是醜。

同樣地，也有所謂「私處印象」（Genital Self Image），指一個人「覺得」自己性器官長得如何？

以下這一段科學證據太重要，我已在《口愛》提過，但或許有人還沒讀過，容我再度引用，也再三跟女性們強調。

英國醫學健康中心「Berman Center」以

2,500名女性為樣本，獲得這樣的結果：對自己私處感覺舒坦自在的女性，其做愛滿意程度，是那些「私處意象」相對貧乏女性的61倍。

以下幾種方法，能協助女性建立健康愉快的「私處印象」：

陰戶自畫像

美國知名性學家貝蒂·道森（Betty Dodson）早就發現女人對自身性器官「很感冒」，嚴重影響了性生活，對性交放不開，對被人口交更視之為畏途。因此，她開設了「女性自慰班」，教導女性怎樣改變對性器官的心態。

貝蒂帶領學員以鉛筆繪畫自己的陰部，畫完之後，大家圍著圓圈，觀看全班的畫作。

講解時，她依據這些自畫陰戶外觀，分類為「古典式陰戶」、「巴洛克式陰戶」、「歌德式陰戶」、「丹麥現代式陰戶」，認為都是各式各樣的「情人甜心陰戶」。在她以十分正向態度示範下，啟發學員從另一個角度，重新觀看陰戶，進而觀賞陰戶。

貝蒂本身也是一位畫家，她以己為例，

年輕時畫了生平第一幅性器官自畫像，在化妝鏡前擺姿勢，驚訝地發現畫了裸體那麼多年，一直還以為女性器官只是一叢三角形的毛髮而已。

自畫陰戶，的確是一個很有創意的起步。因為自畫過程中，女主人必須仔細觀察它，學習以藝術家的眼光欣賞它，這可能是以前沒有的經驗。而這經驗，相當有助於架構良好的「私處印象」。

聯想美麗的花朵

除了自己動手畫，也可以觀賞藝術家的畫作，在繽紛油彩裡，體會陰戶有如花朵。

美國女畫家喬治亞・歐姬芙（Georgia O'Keeffe）是不二人選，她以畫花著稱，涵蓋了很多品種的花卉。雖然花兒不同形狀、顏色，卻有一個共同點，畫家似乎從各個角度在影射女性陰部。

她筆下的每幅花朵都有這份魔力，不必透過言語，觀賞者只要一看到，馬上能聯想到女陰，而不禁讚嘆畫家匠心獨具。

本來不欣賞這個性器官的女性，經過強烈的視覺洗禮、驚奇的形塑教育，將會不知不覺也變成是畫家的眼睛。

1. 從網路上搜尋喬治亞・歐姬芙的花系列作品，看越多越好。

2. 觀賞時，專心去看畫家選用的豐富顏色，細心找出油畫中這些花朵，與女性陰部相似的地方，並牢牢記住觀看這些花的美感印象。

3. 然後，去買真正的花回來，觀察整朵花的形狀、觸摸花瓣的質地、嗅聞花心的清香。

4. 每一次看自己的陰部時，盡量聯想之前看花、摸花、聞花的愉悅感。■

004

我是女主角

每個女人都應該自拍

本招祕訣

女人對待自己，就該像時尚攝影師不斷給予激賞、製造愉悅，而不是對自己嫌棄挑剔、吝嗇獎勵。自拍裸照，不僅為了紀念，更重要的是透過這種儀式，為自己提高信心、振作士氣。

小天后蕾哈娜（Rihanna）以一把小雨傘風靡全球，近來有點流年不順。先是遭到前男友克里斯·布朗暴力相向，網路也四處流傳她的裸照。但2009年12月初，她接受英國《The Sun》專訪時，還是極力推薦「女人都應該要拍裸照紀念」。她以自己為例，當再過五年，她的身材無法再像今日這麼優了。

她說，十九歲與二十一歲的身材韻味就不一樣了。很難得她在經歷男友施暴、裸照外流雙重打擊後，還能有此信念，對英國媒體真心表白，每個女孩要為自己（不是為別人）拍攝這組裸照，當成青春的註記、人生永遠只有一次的寶貴回憶。

自拍，是很便利的科技，也是服務人群的好工具。但為何現代人對「自拍」兩字，都聞之變色？原因不出在它本身哪裡有過錯，而是人們應用它的不良動機，如挖到人家的自拍裸照，為了詆毀、變相宣傳、抬高知名度、發洩私人恩怨……這些狗屁倒灶的理由，惡意四處傳播。

蕾哈娜在歷經這麼多糾葛之後，卻還能輕鬆地建議全球少女「把十九歲身材」鑲

成永恆，依舊對自拍有信念。年輕尚輕的她，確實使人興起敬意。

她發自內心的誠摯呼籲，讓一些女性讀者不禁認真地思索：或許，自拍沒有新聞常報導的那麼負面吧，會不會從一開始，自拍就被污名化，而使我們不見其優點呢？

最後，縈繞她們的疑問：「那是否表示我該也去試試自拍，但那樣對我有何益處呢？」

時下人們所稱的「自拍」，都指自拍裸體照。因拍攝裸照不方便找攝影師或任何外人，連親密的人都未必適合，何況有些女人現在身邊「暫時從缺」；那最適當執行任務便是自己了。

自拍裸照，正如蕾哈娜所言，不僅保留臉蛋，也保存了全身的模樣。若干年後，觀賞這些自拍照，看見昔日的我，對照今日的我，會益發體認到「女人的一生像一朵花的開落」，有它最綻放的年華，也有它風華過去的時刻。當女人接受了這個事實後，才更懂得欣賞不同階段的自我。

但也別因此認為，自拍是年輕人的玩意，唯有年輕的鮮嫩身體影像才值得保留。不管哪個年紀都能自拍，也都該自拍，就算已不再荳蔻年華，現在即刻拍下來，一定還是比往後還年輕！

即使妳不是模特兒，也看過一些電影、電視中攝影師在拍模特兒的情景吧。攝影師一邊猛按快門，一邊出言鼓勵模特兒：「對！對！就是這樣，笑得很好，來！再來一個。好極了，wonderful！beautiful！」

全天下鼓勵人的話，大概以出自時尚攝影師的嘴最甜了。他們不批評，連糾正都很少，只是不斷地講正面的意見，藉此把模特兒最美的一面激發出來，甚至引誘出來。

因為多數拍攝時尚模特兒的照片，都在推銷產品，當然希望表達歡愉，使人感染氣氛，樂意消費。攝影師，即是背後的大推手。

女人對待自己，就該扮演像這樣的攝影師，給予激賞、製造愉悅，而不是對自己碎念，嫌這裡不好，挑剔那裡不對，吝嗇獎勵。

「女人都應該要拍裸照紀念」，其實自拍不僅為了紀念，還有一個重要的目的，就是體會當自己的攝影師、啦啦隊、粉絲的感覺。透過自拍這種儀式，為自己提高信心、振作士氣。

實質自拍 & 象徵自拍

自拍，表示拍與被拍都是自己，所以必須倚賴一項道具：穿衣鏡。也就是說，妳是拿起相機，拍攝自己在鏡中的倒影。

自拍，有兩種方式：第一是實質自拍，第二是象徵自拍。

實質自拍─拿起相機真的按快門，拍攝自己的裸體姿態，之後保存這些數位資料。

象徵自拍—與實質自拍不同之處，拍攝完畢，在相機或電腦螢幕上好好看個夠，最後按「delete」，全數消除。這種拍法雖不會留下影像，但一樣提供了自拍的過程。

妳可能要問，既然拍完就消除，日後也不會有影像可重溫，那幹嘛自拍呢？

這就是象徵自拍存在的原因了。基於各

種顧慮，有些女性不敢冒險自拍，怕留下把柄；但並非應就此放棄。從權之道，採取象徵自拍最好，在完成拍攝後，輸入電腦觀看，把這批自我影像都記憶在腦中，然後消除。

如此一來，至少不需提心吊膽裸照外流，卻同樣可以經歷自拍。

在自拍時，妳有兩個角色

當自拍裸體時，妳既是模特兒，也是攝影師。

模特兒部分，想像自己是女主角，是supermodel，盡情擺姿態。平常妳一定很少或根本沒有裸著身子，做過一些美美的動作。但為了自拍，妳必須嘗試這些體驗。起初可能會怪怪的，渾身不對勁；但要告訴自己「我就試試這一次」、「起碼把這次完成」。

當整個過程進行完畢，妳也許又有不同體認：咦，放開赤裸裸的身體，搔首弄姿、風情萬種，化身性感焦點，其實挺新鮮嘛。

妳也可想像自己是成人雜誌的跨頁女郎，在鏡頭前擺出撩人姿態，感受一下自己的裸體也能散放色情魅力的滋味。

除外，妳還要扮演攝影師，將上述攝影師特質表現出來。妳可以講話，也可默想，總之就是學攝影師口吻，每透過相機視窗，看見鏡子裡自己的裸體，就愉悅地說或想：「這樣很美，yes, beautiful！very nice！」

台詞可以自編，只要把握鼓勵的精神，想像妳是影視裡的時尚攝影師，正對鏡頭前的模特兒激勵。

趕走舊室友，歡迎新室友

大部分女人心中住著兩位室友：毒蛇評審、瘦身專家，整天說「妳這裡不過關」、「妳那裡線條突出」、「妳最近又增重了」。每天被他們疲勞轟炸，一直在扣妳的分數，試想，這樣子妳還快樂得起來嗎？還會喜歡自己的身體嗎？

別忘記，妳才是屋子的房東，挑選室友是妳的權利，套句老話「不要讓妳的權利睡著了」。既然，舊室友惹人心煩，還猶豫什麼？通通趕出去！

空出來的房間，最佳新室友人選：攝影師、啦啦隊長，他們不是每天灌妳迷湯，但

每次開口都讓妳振奮，給妳無限希望。

　　為何女人應該自拍？理由就在此，因為透過自拍，妳才得以結識這位攝影師，以及在旁加油助陣的啦啦隊長，有緣邀請他們常駐妳的心間，從此與妳愉快相處。

　　有了他們積極鼓舞，灌輸正向意念，妳會一天比一天更喜愛自己，疼惜自己。

　　女人們，身體為妳全年無休，任勞任怨盡職，她是妳的好姊妹，也是靈魂之交。可是，回想看看，妳是不是欠她一頓讚美呢？
■

貼心小提醒：

　　現在有一種叫做「LockImage」免費軟體，可以鎖住儲存在電腦或隨身碟的影像資料，只要沒有密碼就無法開啟，影像庫牢牢不肯放行。

　　女人置身當今科技瞬息萬變下，IQ絕對得機智聰明。密碼不要告訴別人，即使是最親的男友，有時連先生也別講。年輕時永遠的青春身影，只允許斯人獨欣賞，隨時回味。

005

「下面」
也該做做SPA

如果陰部美白能讓妳更快樂

本招祕訣

陰部顏色暗是很自然的現象，男女皆然。如果這是妳在意的煩惱，幾條捷徑可做參考：進行亞歷山大雷射、盡可能裸睡、選擇有助美白的飲食、使用經皮膚科醫生診斷後適用的陰部美白產品。

有一支喉糖廣告，豐腴的楊貴妃泡在溫泉裡，舒服萬狀地嬌嗔：「嗯，喉嚨也該做做SPA了。」如果把這句話改成「『下面』也該做做SPA了」，其實亦很有道理。

既然性器官在愛愛時帶給我們這麼多愉悅，平常就莫要忽視保養，派上用場時才會「該鬆該緊、該硬該軟」恰如其份，不會給主人漏氣。

曼哈頓2008年8月有一家SPA店開張，就是打著「放鬆、強化、調養女人陰部」的旗幟，連紐約時報都搶著報導這則新聞，形容這家店的用詞是「jaw dropping」（叫人掉下巴），那般令人意外驚喜。

這家SPA店應用的技術為「phit」，乃「骨盆健康整體科技」（pelvic health integrated techniques）四字的縮寫。

創辦人是婦產科整型醫師勞莉（Lauri Romanzi），她說靈感來自牙齒美白的流行趨勢。既然一口漂亮白牙，能讓女人更有自信展露微笑，那為何陰部不能如法炮製，也進行皮膚活化、美白保養，讓女人在性行為時，更加願意「笑開陰唇」，給對方嫣然一笑呢？

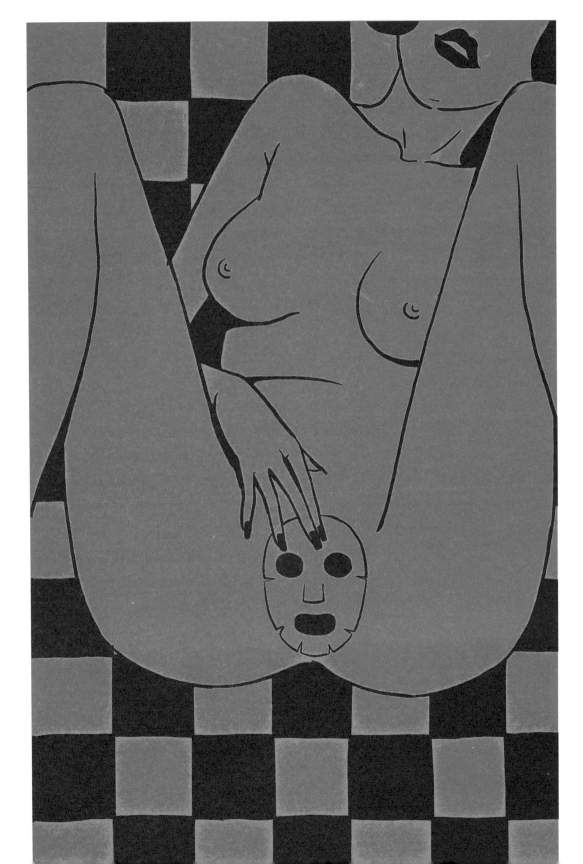

保養過程中，包括陰戶的鬆緊度訓練，以及加強控制膀胱，這些都是直接影響女性高潮的重要因素。勞莉醫師指出，她喜歡將這些過程稱之為「陰戶健身」（vaginal workouts）。

女人上面、下面都各有一張唇，但上面的嘴唇受女人重視，如塗口紅、修唇形、補牙齒、亮白，嘴唇搖身一變為明星。但女人下面的那張唇，卻委屈多多，被嫌不夠白、不夠細膩、皺褶太多、氣味不佳、不太美觀，顯然等待被援救。

有人甚至以「得了憂鬱症的陰戶」（depressed vagina）一詞，來比喻女人不滿意的陰戶，受到主人刻意冷落、漠視、嫌棄。

「phit」就是救星，陰部SPA還幫妳修剪陰毛，整齊細緻的陰毛，才能讓陰唇的外形突出。女人陰部雜草叢生、表現野性的年代已經說拜拜了。

還有，陰道蒸汽浴，用花草沖洗，舒舒服服整頓後，女人的下面可真成了醉死人的溫柔鄉。

「max」（剃毛）廣告語如放在台灣美容院，頂多是指「除面毛」，在國外則可能涵蓋「除陰毛」。後者乃全套服務，提供剔除陰毛、會陰與肛門附近的體毛，保證腰部以下跟新生嬰兒的皮膚一般光滑。

除陰毛，通常指蜜臘除毛，大致有兩種，一叫「巴西除毛」，剃到最後只剩陰部上方一條窄窄的髮線，又稱「G - Max」或「花花公子除毛」；二是「好萊塢除毛」，將陰毛全數剃光。

意外的是，這種生意不是女性的專屬權利，近年男性顧客數量有上升的趨勢。男性除毛的風氣起自90年代，由一批游泳選手、健身人士、單車騎士引領，起源地想當然爾，仍是「無惡不作」的紐約。

根據《新聞週刊》，當男同志以除毛增進美觀禮儀已經好幾年了，異性戀男性終於也逐漸意識到除毛的好處，而且演變為現在比起女性又多了一個服務項目：拔除陰囊毛。

《蒙特婁鏡報》報導，一位男性讀者剛作蛋蛋除毛時，女友好奇地問：「你幹嘛去除這裡的毛？」等她漸漸習慣滑手的

感覺，問句就變成了：「你何時才要去除這裡的毛？」據體驗過的人表示，除毛之後，光滑細嫩的陰囊更能增強被愛撫的快感。

近年來，隨著廣告如海浪湧來強力放送，以及同儕資訊交換，美白幾乎是女性的救世主。

西方女性或日本女人都已經有「私處美白」的常識，也把它視作男女親密交往的一門禮儀。她們並不忌諱去下功夫，追求「美眉」玉面粉嫩。

台灣女性在這方面比較羞澀面對，儘管臉部美白有如女性國民運動，大家進行得嚇嚇叫，但還是恥於關切陰部美白議題。

正確認知：陰部暗也是自然美

陰部，就像嘴唇、乳頭、肛門一樣，比起其他皮膚地帶的分佈血管要多，神經密度也較高，對於外界刺激較為敏感，所以形成皺

褶與厚度，色澤上自然顯得深沉。

另一個原因，陰部、腋下、乳暈、胯下、會陰、肛門，因為「特殊地理位置」關係，通風差，散熱不良，經常摩擦，也是導致黑色素沉澱的主因。

這些部位顏色暗，是很自然的現象，男女皆然。唯男性的性器官若顏色偏暗，不太會造成困擾；但礙於傳統偏見，人們以訛傳訛，認定女性的性器官顏色比較深，代表性經驗頻繁、經常自慰的結果，這乃無稽之談。可是，很多女性深信不疑。

最健康的態度，是接受自己性器官的長相、顏色，認定「自然就是美」，甚至如果陰部偏黑，也可自我訓練，從「黑也是一種美」的角度欣賞。

但如果，陰部色澤真的變成妳在意的煩惱，進一步影響妳在性愛上無法放得開，那與其閃爍逃避，不如誠實以對，思量處置方法。

陰部美白的幾條捷徑

目前，市面上有所謂「陰部美白」，係採用亞歷山大雷射，又稱作紫翠玉雷術，一般人所知多用於除毛，但對陰部美白也有效果。

有一陣子女生喜歡穿丁字褲，讓褲頭露在低腰、露股溝的牛仔褲外面，走性感路線。不過，代價是丁字褲（或邊緣太緊的三角褲）不時會摩擦陰部、壓迫血管，使血路不循環，易造成色素沉澱而變黑，可要仔細評估值不值得了。

洗完澡之後，陰部的潮濕最慢風乾。如果有可能，盡可能裸睡，少了衣物的阻隔，血氣循環更暢通，促進新陳代謝，也有助益皮膚美白健康。

食物也有重要影響

飲食不當，也可能是造成黑色素沉澱的原因。譬如美白大忌：檸檬、肝、腎等內臟不宜吃太多，生蠔、牡蠣、蝦、蟹、黑芝麻、九層塔、香菜、無花果、油炸食物，也都可能是幫兇。

至於美白的助手，包括高維生素C的水果如芭樂、奇異果、香蕉、草莓、聖女番茄、木瓜、柑橘類；黃紅色蔬果如南瓜、空心菜、胡蘿蔔；大豆製品如豆腐、豆漿、豆干、豆

皮；雞蛋、菠菜、花椰菜、優格、鮪魚罐頭、雞胸肉、海帶、杏仁。

還有號稱美白藥膳：紅豆薏仁湯、薏仁牛奶、紅棗銀耳羹。

水果也講究果汁組合：番茄香橙汁、西瓜蘋果汁、草莓牛奶。

飲品也有一份清單：玫瑰蜂蜜茶、冰鎮綠茶、金桔蜂蜜茶。

塗抹膏藥，就像磨地板打光

網路上，有一些叫做「陰道漂白劑」（vaginal bleaching creams）、「陰道美白膏」（vaginal whitening creams）或（vaginal lightening gels）的產品，後者比較安全。請注意！這些都塗抹於陰部外，而非陰道內。留心藥膏成分，若滲有「對苯二酚」（hydroquinone）的成分，一律不使用。

這些產品過去還不流行，但經過電視真人實境節目「Dr. 90210」的強力放送，歐美女性在沙龍中常討論這個新趨勢，已經是時髦風氣。

美白產品有一個主要的成分，叫做麴酸（Kojic Acid），它是菌類的一種，被發現在美白功用上，純屬巧合。多年前，一群日本釀酒工人發覺他們長期接觸醃漬物的雙手，居然變得白皙。科學家於是從麴菌內抽取出麴酸，抑制黑色素的生長，成為美白功臣。

有些產品抓得住女人心，說得很動人：「讓私密處也有好臉色」，連名稱都誘人：「私密唇頰嫩粉紅霜」，聲稱可以使私處恢復紅嫩細緻，並修復乾燥裂紋。

但琳瑯滿目的成品，無論講得多動聽，究竟適不適合自己使用？還是請皮膚科醫生診斷最安全。

陰部除了美白漸受重視，氣味一直是女性關注的焦點。

婦科醫師建議，以兩湯匙的小蘇打加入熱水，泡泡澡，有助陰部排除不悅的酸腥味。∎

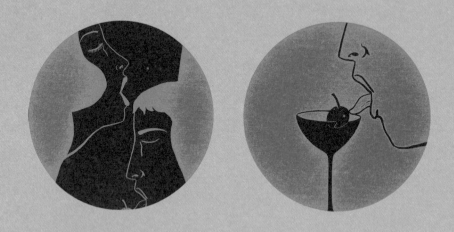

人法
男心

006

多多珍惜
女性高潮

男人如何設身處地

本招祕訣

男性應多體諒女性高潮與自己十分不同，訓練自己去想像或感受女性高潮，即使射精後，慾望退潮，更能將心比心、出於自願疼惜女性，繼續陪她完成高潮。

當讀者看到英國各大媒體出現「一天300次高潮的女人」這個標題時，眼睛都為之一亮，女性們想變成這位女人，男性們想找到這位女人！

這位幸運兒叫米雪兒（Michelle Thompson），雖然這並非所謂天生異稟，而是一種症狀—「持續性性興奮症候群」（Persistent Sexual Arousal Syndrome）；但無論如何，擁有這種非常人的體驗，還是令人豔羨。一天300次高潮？那豈不等於時時刻刻處在高潮中，哇，宛如置身天堂！

米雪兒交往過七任男友，最終都遺憾分手，因為對方像打保齡球一根根全倒，被判出局。正在她以為人生只能「掩戶深嘆」時，居然天可憐見，43歲的她遇見32歲的芳鄰安德魯，「什麼馬自然有什麼人騎」，跟她匹配，一夜大戰十回合。難怪，蜜雪兒接受媒體訪問，說她現在臉上隨時都掛著一抹「huge」的微笑。

我對蜜雪兒的遭遇一樣驚為天人：此「爽」只應天上有，何似在人間？她說自己無時無地不會有高潮，甚至不得不辭掉工廠工作，因為即使機器運轉的微幅震

動，都會讓她深陷高潮中！

我記得有一次收看美國脫口秀，一位婦女說她生育12名子女，主持人一臉訝然，問她先生在做啥？答案令觀眾噴飯，她老公在工廠負責操作「自動上螺絲的機器」（screwing machine）。英文中「screw」，指的正巧是交媾。所以，她老公每天不僅在工廠、也需在家裡忙著「上螺絲釘」。

女人的高潮真神祕，有些女人望梅止渴，偏就有這樣的女人每天「洗臉槽的水都是溢出來的」。

不要以為這群人只是極小數，網路上還有「持續性性興奮症候群」支持團體網站，負責人說得好：「妳沒做錯任何事引起這種症狀，抬頭挺胸吧！」我想加一句：「抬起下盤，驕傲迎接高潮吧！」

其實，不用到300次高潮，即使只是一次女性的高潮，都可能讓男性感到神祕奧妙。

一向語出驚人的英國樂壇搖滾偶像—「壞男孩」羅比・威廉斯（Robbie Williams）說，他希望能「變成一天的女人」，這樣就可以了解女性在想什麼；更重要的是，他也能夠親自體驗女性高潮的滋味。

有人對男性高潮（射精）做過很妙的譬喻，比擬為抽水馬桶沖一次水，唏哩嘩啦，來得快，去得急。這個比喻雖不怎麼高雅，但也算貼近。

因此，男性們對女性那種「一波洶湧一波」的高潮總感到無比好奇，甚至神往。

英國作家賽門（Simeon de la Torre）曾應雜誌之邀，進行一項實驗：接受催眠，以便「親自經歷」女性懷孕與分娩的感受。

當催眠師完成了這兩項實驗後，決定帶領賽門更往前一步，回到受精之際。催眠師下了指令，要他想像是自己的老婆，正在跟自己做愛。

賽門開始有了怪怪的感覺，慢慢地身體變得越來越暖和。他說，雖然沒有高喊「我的天」；但他真的經歷了一種「光彩、亮麗」的女性高潮，感覺從胃到腳指頭都被喜樂的波浪淹蓋。

這與賽門一向那種「膝蓋會發抖」的男性高潮滋味大不同，相較之下，女性高潮要來得「更綿長、更溫和」，他熱切希望能

夠再來一次。

根據催眠師的形容，當時賽門的臉真好比一幅畫，佈滿了光澤，一道寬闊的笑就掛在那兒。

這則賽門親身體驗的故事，聽起來不僅感人，也充滿啟發。

男性最常被女性抱怨的是，當他們高潮射精後，飽滿的慾望跟著消風，對她們的需求就不那麼熱心了。有的變得有一搭沒一搭配合，嘴巴沒嫌不耐煩，但動作已有那個意思。更糟的是，有些男人射完精即抽身起床、或轉身便睡也不在少數。

男性應多體諒女性高潮與自己的射精式高潮十分不同，來得緩慢，需要一陣陣地催，如海浪一層一層相疊，最後才會激迸出最高的那個浪頭。

所以，即使男性射精後，慾望退潮，若能將心比心，就會出於自願疼惜女性，繼續陪她完成高潮。

懷著這種意願，男性何不妨同樣以賽門的方法，也訓練自己去想像或感受女性高潮。

別低估自己想像力

很多人都看過電影「當莎莉遇見哈利」，對女主角梅格‧萊恩在速食餐廳逼真地表演高潮那一幕印象深刻。

女人可以這樣說來就來，演出性高潮，迅速進入狀況；男人也不要低估自己的想像能力，這方面的潛力可能大大超過預期。

日本舉辦一場「空氣做愛」（air sex）假高潮表演賽，不少男性的表演即令人讚嘆。

這個點子來自芬蘭舉辦四屆的「世界盃空氣吉他大賽」，參賽者雙手空空登上舞台，等熱門的吉他旋律一播放，便假裝手中捧著一把電子吉他，瘋狂地五指飛舞，腦袋亂晃，看似渾身充滿音符。有人取材自「國王的新衣」，將之稱為「國王的吉他」。

有一年，「世界盃空氣吉他大賽」由一位日本男子奪冠，贏得「很會假裝」的稱譽。

這位日本冠軍假裝彈吉他，很具備說服力；不過，他的一群男性同胞更絕了，在「空氣做愛」（air sex）假高潮表演賽中演出精彩，都有辦法裝出一副幹得天翻地覆、如癡如醉的樣子，其實身邊一的伴也沒有，完全唱獨腳戲，也能「唱」得欲仙欲死。

自稱主辦者的Sugisaku指出，這個比賽構想是一群沒有女朋友、卻想趕快找到對象的男人閒著無聊時提出。他們孤家寡人常在東京戲院區流連，聚首打屁，聊起各自的性愛技巧（一堆男人聚在一起還能聊什麼呢），越講越起勁，乾脆紛紛唱作俱佳起來，就有人提議何不辦一場表演高潮競賽，仙拼仙，看誰脫「淫」而出？

男人要相信自己有想像力，才可努力去設身處地女體悟性的高潮。

當有了像上述作家賽門那種體認後，男人自然會更發乎內心，很樂意在自己已達到高潮後，仍繼續配合女伴走完高潮之旅。■

007

高潮大哉問

男性必須面對的兩項真相

本招祕訣

給女性一個實在的建議：盡可能體諒男人高潮過後，睡意濃厚的生理反應。體貼的男性也該努力克服先天因素，繼續以溫柔方式愛撫對方，或擁著對方一起享受休憩片刻，而不是倒頭呼呼大睡。

一講到高潮，男性立即會浮現兩朵疑雲：「男人在高潮後，為何倒頭就睡」、「女人真的會假高潮嗎」，這是許多男人百思不解的地方。

第一個問題，男人自覺並非不近情理，但每次射精高潮後，確都沈沈欲睡，睡蟲很不識相總在這時爬出來。為此，男人們也常內疚。

第二個問題，經常從媒體、人們口中聽聞女人有時會以假高潮應付了事，這變成男人的惡夢，懷疑女伴會不會也餵了自己喝下這杯迷魂湯？

以上這兩項大哉問，也許你過去逃避不理會，或者沒找到答案，現在終需面對，並且答案即將揭曉！

男人為何高潮後，倒頭就睡？

1. 在高潮過程中，男人腦子裡會釋放許多混合的化學物質，如正腎上腺素、血清素、血管加壓素、一氧化氮、泌乳激素（prolactin）等。

其中，要特別留意最後這一個傢伙：泌乳

激素。

根據實驗，動物被注射了泌乳激素後，很容易疲倦，顯示泌乳激素與睡覺之間有密切的關係。

當泌乳激素分泌越少時，男人恢復期也會跟著縮短，復原元氣後又可「再戰一城」。而當泌乳激素分泌越多，男人需要休息恢復的時間就拉得較長。多數男人做愛後，泌乳激素都會增多。

2. 男性與女性的高潮模式不同，男人都以射精為結束，好似短短幾秒鐘雷雨大作，天地間的氣一下子爆掉。

男性的高潮也好像在跑百米，一旦越到了最後二十五公尺，越要發揮全力衝刺，才能一鼓作氣衝到終點。

所以，男人射精後，就像掏空全身氣力。正如百米選手衝過終點線後，有的雙手扶住膝蓋，低頭喘氣；有的幾乎全身軟掉，撲倒在地。最後這二十五公尺的虛脫，可以想見。

這就是男人射精後的感覺，當力氣用盡了，疲倦會迅速攻佔全身，睡意就來敲門。

而女人高潮不是以一次射精終結，它會連綿延長，力氣不會在一剎那掏盡。女人比較像長距離慢跑的選手，精力蓄積，逐漸發揮。善於長跑的她們不太了解善於短跑的男人，為何衝到終點會那麼力虛？

3. 男人快射精時，因要衝刺的關係，會習慣性地憋氣，便於一鼓作氣；而以非正常地吸氣、吐氣頻率。

經過一段時間腦子缺氧，高潮後有些昏睡狀態，就不足為奇了。

4. 最後一個原因聽起來稍微辛酸一點，為何在做愛後，女人比較不像男人那麼想睡？答案是：「每次做愛男人幾乎都達到高潮，女人則做愛歸做愛，但達到高潮者遠不如男人多，所以想睡的，也沒男人多。」

認清事實，做個體貼好情人

當以上情況發生了，會有這麼一幅畫面：高潮後，女人還想談談天、溫存一番，男人則睡意濃，巴不得闔眼進入夢鄉。男女雙方，應如何處置呢？

這時，給女性一個實在的建議：放棄對他自私的指控，盡可能去體諒男人高潮後的生理反應。他還願意撐著眼皮陪妳聊聊，其情可感；如果他不敵睡意，繳械投降，妳也無須生氣或怨恨，當作他「火花去」，爐子該打烊就是要打烊了。

不過，女人可以體貼這麼想，男人可不能安於這個理由，應該做些功課，使情形翻轉。因為男人高潮過後睡意漸濃，是生理之必然，但它未必是心理之必須。

一個體貼的男人，就算射精後，泌乳激素激增，感到疲憊欲睡；可是他不忍放任伴侶獨醒，便會克服先天因素，按住睡意，繼續以溫柔方式愛撫對方，或擁著對方一起享受休憩片刻，而不是倒頭呼呼大睡。

女人有時假高潮，不需戳破

假高潮？高潮也可以作假？是的！真的有人在高潮時作弊，一般相信以女生居多，但事實男女都有。

「欺敵」的對象不僅發生在一夜情，反正互相來路不明，將來也不確定後會有期，所以做做假無所謂；有時，情人也如此，連最該坦然以對的夫妻之間，都會爾虞我詐一下。

假高潮，並不如你想像得難。不信你查一查，在「YouTube」上就可看到好幾個酒吧舉辦過「假高潮比賽」現場記錄，每個男女上台後叫得跟真的一樣。

聽多了假高潮的故事，看多了這方面的表演，你不免開始疑心，這是甚麼人際間的親密關係啊？小心「假高潮」就在你身邊？

普遍都相信女生才會假高潮，沒錯，根

據《海蒂報告》指出，34%女性還滿常假高潮，19%女性則表示曾假裝過高潮。兩者的比例都不算低。

瑞典科學家指出，連母鱒魚都會以假高潮，欺騙公鱒魚分泌精液呢。

女生假高潮，最常聽見的三個理由：

1. 「我實在高潮不起來，但那傢伙那麼賣力幹活，我何苦讓他不好過呢？那就應應景，假裝一下吧。」

2. 「我如果不達到高潮，那傢伙似乎不肯休兵，只好假一下囉。」

3. 「那傢伙顯然以『有無達到高潮』衡量一場性愛的好壞，我若不假點高潮給他看看，他會以為跟我做愛不夠勁！」

假高潮也不全然是壞事，有時候出發點都是善意的。

網路上有人貼出創作的短片，叫做「如何假高潮」，按步就班教導女性怎樣假裝高潮。男人看了心驚膽跳，大量傳送給同儕，好似在奔相預告瘟疫。

另一支網路片，三位女生臉部都流露忍不住表情，哼哼唉唉，怎麼看都以為是銷魂。

結果，到最後劇情急轉直下，三位女生終於將噴嚏打出來了，呼，真是解脫啊。

這支片子很幽默，但觸動了男人心底那根敏感的弦。因為前半段，怎麼看那三位女生都像進入高潮，誰知竟是打噴嚏！男人更迷惑了：怎麼會連女人打噴嚏跟性高潮都分不出？

其實，也難怪男生會有過這種懷疑。因為男人的高潮模式很單純，通常是三部曲：興奮→勃起→射精。每一關都得真材實料，騙不了人。

可是，女生的高潮就複雜許多，她的高潮慢慢來，不需像男生一次射精解決。在緩慢中，她有太多時間可以演戲（或者不要說得那麼無情，好似全然無中生有；應說她自行把原本有的東西，再調高一點幅度，亦即「帳面做得好看一些」）。

例如，自己脹紅臉、假裝呻吟幾聲、高潮剎那也可演出抓狂記、全身劇烈又扭又擺、幾乎要斷了氣。每一道過程，都可來真的，但也都可是假出來的。

男人的高潮毫無神祕可言，但女人的高潮就有許多奧妙，台語叫做「眉腳」，不少地

方都可暗藏玄機。

　　很抱歉，女人也不是天生要把高潮搞得讓男人無法確定。她們的生理構造就是如此，高潮屬於內斂型，也就是說「演內心戲」的機會多。

　　還有要注意的是，女人假高潮有程度之別。只要進行做愛動作，女人很難完全沒有生理的愉悅反應，有些雖有快感，感覺快要高潮了，但始終不到真正高潮那麼亢奮。這時，如果她稍微誇張一下快感的感受，看起來「很像高潮」，那就未必「有那麼假」。

　　男女高潮，一內一外；男人容易彰顯，女人容易內斂。男生務必先搞懂這點，才能對女生多體諒，記著：通常，她們都不是故意懷著假高潮的存心不良，只是生理上較有作戲空間罷了。

　　不管你曾否有過這個懷疑，不妨作如是想：頒給自己一個自我安慰獎吧，因為假如一位女生「至少願意」為你假裝高潮，這也挺值得安慰了。■

008

有點色
才是好情人

熱鍋調情的快炒法

本招祕訣

主動開口講些帶色的調情語，色得剛剛好最迷人。幾項必備要件：找到對的對象、抓準時機、掌握尺度。別忘多學一些新鮮語、鹹濕字，亦可閱讀網路上的黃色笑話、雙關語、猜謎，對性培養幽默感。

色狼不僅指男人，其實公的、母的都有。但色狼亦有區分品種，一種是壞色狼，如猥褻的鹹豬手，令人憎厭！另一種則是好色狼，乃談戀愛的極品，男人女人都一樣，色得剛剛好最迷人。

正經八百的情人並非缺點，甚至有人覺得優；但坦白講不免乏味。如果你的情人聽見性暗示的笑話、雙關語時，會莞爾一笑，還能回你一兩句，那真恭喜！如果會臉紅，表示還可磨練。但萬一生氣，那就有點不妙了，通常在床上想叫這種人換個體位，可能比單手伏地挺身還難。

我的一位大學女生好友被男友追求初期，到某個程度便膠著了，她也不曉得為何「深」不進去。有天聊到高中社團經驗，她本來想問：「你是『什麼』社的？」脫口而出竟成了：「你是『怎麼』ㄕㄜˋ的？」

偏偏她平常說話字正腔圓，賴都賴不掉，「什麼社團」當場變「怎麼射精」。兩人登時愣住，隔了幾秒都噗嗤一笑，從此膠著溶解了，感情進展快速。

原來他們始終未觸及「有點色」的話題，

明知快到那個突破點了，誰都沒主張如何主動。直到這個「有點色」的笑話出現，神祕的性魔力終於發酵。

情人、夫妻之間最好經常保持「有點色」，時間、場合、心情對了，應多跟對方調情，互相逗弄，為彼此關係通電，刺激一下，即使被甜蜜地數落貧嘴、油腔滑調也無妨，勝過坐懷不亂。

我在搜尋網路時，發現一本日本成人漫畫，叫做《有點色的戀愛滋味》，很多網友紛紛留言「聽這名字很像好看唷」，表示意興高昂。可見，帶著一丁點情色調味的戀愛關係，是許多人的嚮往。

心法祕術

主動開口講些帶色的調情語，並非男性特權，女性也要偶有驚人之舉。不過，在我們這個依舊挺傳統的社會，女性大概很難放下矜持，所以主動開口的仍多為男性。

這門心法，就請男生們多練練囉。

看對象表達最要緊

找到對的對象，是第一要件！

所謂「對的對象」有兩種，第一類是情人與夫妻，平常沒嘗試過情色過招，鼓勵他們務必試試看，打打情、罵罵俏。

第二類是交往到一定程度，雙方有互信，但處於「欠這一腳，就可突破」階段，可使出這一絕招。

千萬別白目，對只要你有好感，或想追求

的人，都使出這一招「有點色」。

萬一對方覺得跟你交情不到這地步，差池一步，可能從調情變成性騷擾。現代女性對性騷擾有很高辨識度，謹記！別踩黃線。

黃色笑話、雙關語、謎語等情趣遊戲，必須謹慎地使用於親密關係間。

抓準時機也重要

不要說有點色情意味的笑話，即使連一般笑話，也並非隨時愛講就講。

例如，兩人因故爭執、有重要事情商量、有旁人或小孩在場，時間都不挺妥當。此時，故意講情色意味的笑話，恐怕不加分，反而扣分，把場面弄僵，甚至激怒對方。一朝被蛇咬，十年怕草繩，下次想嘗試，大概就無望了。

尺度是關鍵因素

調情時，說一些略帶有色的笑話或幽默，都該搔到癢處即收手，不宜趁勝追擊，很容易得意忘形而越講越瞎，變成冷笑話。

多學一些鹹濕字

調情時，不能老是那一套，還是要說點新鮮語；不然老梗一堆，開不出新花，就沒有情色刺激的新鮮勁了。

例如，當情人說：「我要吻你」，不如講日本江戶末期流行的說法：「我要口吸你喔」，鹹濕效果更勝一籌，聽了也更春心蕩漾。對方或許一時會不過意，但看你作勢欲親，自也明白何謂「口吸」了，不再覺得老套。

像日本明治政府，當初為「kiss」物色譯字時，除了「親吻」，還包括「吮口」、「啜面」、「啜唇」等，都比「親吻」或「接吻」搞怪。所以，偶然調情時冒出我要「跟你吮口喔」，不無添加樂趣的可能。

後來許多文學戲曲覺得「親吻」不夠煽情，便常用「口付」，有點色又不會太色，正符合妙處。我國俗曲中有「口吐丁香，蜜餞沙糖」兩句呼應，聽起來不是很爽口嗎？

體會情色詩詞韻味

別小看我們老祖宗，以為他們不解風情，不少元明清時代坊間作品，都流露濃濃曖昧情愫。

或許，古代詩詞無法原文照用在現代對話；但那份妳逗我弄的過招意境，倒是我們學習「有點色」的精神教科書。

例如，明代民間一支小曲《掛枝兒》：「肩膀現咬著牙齒印，你實說哪個咬？我也不嚕，省得我逐日間將你盤問。咬的是你的肉，疼的是我的心。是哪一家的冤家也，咬得你這般樣的狠？」

多閱讀一些元明清時期的這類小品，不是要你死記每一句每一詞，而是體會文中醞釀的那種：欲語又嗔、欲嗔又黏、欲黏又勾引人、欲勾引人又臨時止口、釣得人心癢癢的那門說話藝術。

中國詩詞曲博大「精」深，夫妻情人欲增情趣，何不隨手捻來比賽誰最會「淫詩作對」？

有時改舊詩也不錯，這是網路傑作，不敢掠美，請大家莞爾。〈沁園春〉：「做愛如此多招，引無數男人競折腰，芳草上下，淫水滔滔，欲與猛男玩幾招，一代天嬌，還會吹簫，吹得你早上彎著腰，俱往矣，數風流人物，全乾通宵。」

如何培養幽默感

想要「有點色」，需要對性培養幽默感、幻想力，懂得起話題、接話題、轉話題，但凡一扯上sex話題時，腦筋就靈活起來。

看來似乎有些難，其實有捷徑可尋，建議從三條路線下手，平常多閱讀網路中的三種題材，必有助益：

1. 黃色笑話，可加強sex說故事能力。
2. 黃色雙關語，可鍛鍊sex應變力。
3. 黃色猜謎，可練習sex想像力。

黃色笑話：把握原則

除非雙方喜歡口感重的浪言浪語，不然，若僅用於調情的黃色笑話，不宜太露骨；避免把性器官、性動作掛在嘴裡。

重口味並不必然都能開胃，有時反會倒胃，必須謹慎。

講笑話，常會遇見「不好意思直接以人當主角」，絕招之一不妨拐個彎，以動物先登場，逐漸講到人。

例如，以下兩則動物的對話：

【第一則】

一隻大象問駱駝：「你的咪咪怎麼長到背後？」然後，一陣狂笑。

駱駝沒好氣地說：「有甚麼好笑？我才不跟臉蛋上長雞雞的說話！」

【第二則】

袋鼠和青蛙約好一起去嫖，只聽見青蛙整晚都在大呼：「一二三嘿！」「一二三嘿！」……

袋鼠感到十分欽佩，隔天就讚美道：「蛙兄，你好厲害，一夜都在作樂。」

青蛙懊惱地說：「什麼？老子是一夜都跳不上床。」

【第三則】

一位女郎到鄉村旅行，看見小男孩滿身是汗牽著一頭牛。

她好奇問：「你要把牛牽到哪裡？」

男孩說：「到隔壁村，去跟母牛配種。」

她繼續問：「難道，這工作不能叫你父親做嗎？」

男孩一本正經道：「不行！一定得叫公牛做才行！」

【第四則】

老師家庭作業中有一題要為「皺紋」造句，小強寫著：「我爸爸的蛋有很多皺紋。」老師急忙打電話跟家長抗議：「不要把什麼地方都給小孩看，影響不好」。爸爸回覆：「這孩子粗心，少寫了一個『臉』字」。

【第五則】

一位婦人去牽魂，與亡夫有場對話：

「親愛的，你在那裡可好？」

「我一早起來就做愛，然後吃中飯，又做愛；接著吃晚飯後，繼續做愛；睡覺醒來，還是做愛……」

「啊，天堂就是這樣呀？」

「天堂？誰說我在天堂，我現在是一頭種豬。」

講些許染黃笑話的重點，不是要兩人一直花時間在這上面，笑到身體都軟綿綿為止，

反倒什麼下文都沒了。

分享笑話的目的，是製造互動情緒，兩人笑閉了，氣氛中飄散放鬆神經的粒子；這就像小酌了一番，幫助鬆綁緊張，在微醺中，比較能進入肉搏戰狀態。

雙關語、猜謎：四兩撥千金

不管雙關語或猜謎，都是一方擺下謎題，讓另一方費思量。趣味之處在於很好打發時間，調情時可填補空檔、製造調戲機會。

例如，當一方如此開場白：「我說個有點色的謎題給你猜！」登時，氣氛就上來了。

玩雙關語與猜謎，往往不易猜到。等猜謎者猜了幾次都不對，通常就會開口央求；當聽到答案時，猜謎者會瘋一瘋嘴，心想：「有點缺德，但還滿捉到神韻。」兩人極可能同時會心一笑。

來！現在就試試你的程度，「美眉沒穿底褲，被風吹翻裙子」，打三國時代的一歷史名人。

謎底是「孔明」。

不曉得三國那個時代到底得罪誰了？很多帶點色彩的燈謎，都跟當時人物有關，比方

謎題「說髒話」，謎底是「蔣幹」。

另有一例參考：

「女學生開會」打一物，謎底「無稽（雞）之談」。

這方面題庫可多多上網搜尋。

不要死抱觀念

這篇文章鼓勵情人、夫妻有點色，所舉例的黃色笑話、雙關語、猜謎，都只是用來鍛鍊頭腦更靈活、情緒更活潑，懂得在情色題材上腦筋急轉彎。

不要誤解了，在幽會、親熱時一直像在演脫口秀，猛講黃色笑話或猜謎遊戲，反而是捨本逐末。■

009

原來他
床上功夫好

宅男獨特操兵術

本招祕訣

無論把自己歸屬宅男與否，關鍵在於自我認同。首先接受「宅男內涵」，活出自我。積極發揮宅男優勢，多吸收性愛知識、技巧傳授。好好經營自成一格的性感，無須時髦摩登，但至少乾淨清爽。

坊間有一本暢銷書《把妹達人》，誓言要將對女生吃不開的宅男，改造成把妹一把罩的飆哥。從它系列三冊的陸續熱賣，可見宅男們還真多。

但宅男在床上的真相，也許大大出人意外。一般人以為宅男只會窩在家裡，精於電腦或收集一些怪里怪氣的玩意，沒有女人緣，想必床上功夫也應該挺蹩腳。但根據《Wired》雜誌力排眾議，指出其實宅男很有「搞」頭，是「更佳的情人」。

這期報導讀起來真窩心，當大家認為宅男都像日劇電車男那樣，經年一身格子襯衫、雙肩背包、粗框眼鏡，外表不惹眼，引不起女人性慾；該雜誌卻列出一票女性讀者的另類觀點，她們覺得宅男脫到一絲不掛，全身卻僅剩一副眼鏡時（有的僅會剩下一副眼鏡，外加一雙襪子），倒還蠻性感。

宅男是更佳的情人？這些另類觀點細想也並非無道理，因宅男擅長在電腦世界裡鑽來鑽去，深諳「解難題」、「走捷徑」；若卯起勁來對女生好，總是能把事情做好，例如安排去度假，全部行程都在電腦

裡處置妥當，鉅細處均不需她們勞煩。

妳如果要宅男幫忙，「喬」出一個電腦配備的家庭式劇院，他手腳又快又準，人工完全免費，而且全年週末無休，加班也從不抱怨。

還有，他們會很樂意幫妳設計一張精緻賀卡，在母親節寄給媽媽。而妳非常明白，一扯上妳媽，其他男人都避之唯恐不及。

那麼，講到重點了，宅男在床上有何特殊能耐呢？

第一，他們看多了A片，當妳提出要變花樣的要求時，不會大驚小怪。

第二，他們在電腦中悠遊，見多識廣，性幻想比較發達，在性生活上會突發奇想，增進情趣。

第三，他們看多了動畫或漫畫裡的各種圖像，比較會善用視覺，懂得欣賞各類身材（這對女人真是莫大的壓力解脫啊）。

第四，他們打電腦成精，手指頭很靈活，想想看，若用在愛撫、摳弄、揉捏的話……

所以，從此不要再小看宅男了，妳如果有幸跟他們親熱，可能就會發現人家所說的「駭客」那個「駭」字，原來指的是「high」呢。

心法祕術

以上大部分是寫給女生看，替宅男們說好話、強力推薦，奠下日後「做生意往來」的好基礎。

但這篇文章更重要的是，想跟男生們對話，無論你把自己歸屬宅男與否都無所謂，關鍵是在你的自我認同如何？在戀愛、性愛舞台上，你該怎樣看自己的表演？如何強化自己的演出？也就是如何博取觀眾緣？

是宅男也沒什麼不好

宅男一詞，最初源於日語「男性御宅族」，跟「女性御宅族」一樣，都指常窩在家裡，不善與人交往的族群。最早使用的定義，確實帶有貶意、嘲諷味。

然而，近年隨著「宅」字不斷擴大應用，也不時加入新意涵，現在說人家「宅男」、「阿宅」、「你很宅」，隨之而來的價值評斷已越來越中性，甚至某些場面，「宅男」還是一種時髦。

因為網路世界急遽壯大，個人工作的SOHO族漸多，「在家接case」到處可聞。宅男，不再像過去指稱一個人「家裡蹲」、「無所事事」，今日宅男反而是有一技之長的「泛電腦族」──只要工作必須使用電腦的個體戶，如寫作、文案、翻譯、繪圖、設計、網拍、個人投顧等都含括在內。

因此就算你是宅男，或偏宅男，也沒什麼不好，你不需跟著媒體起舞。2005年此語傳入台灣後，被媒體（如新聞、連續劇、綜藝節目）大事渲染，深化了一般人對宅男的負面觀感。

你就是你，每個宅男還是有其自我特色，「宅得很有個人風格」、「宅得有韻味」，都非不可能的目標。

暫不管他人說三道四，唯有你心裡認定才最重要。你大方地接受：「我就是宅男，那又怎樣？」有自信的男人，總是多好幾分魅力。

就好比當年轟動的那句廣告詞，「我18歲，我不抽煙」一樣理直氣壯，你也大可說：「我是宅男，我不亂把妹，一把都是真心！」

畢竟花美男外型搶眼、生活看似陽光朝氣；但頗多花美男不會把心只留給一位女生。相對起來，宅男就穩定與忠誠多了。

心態上，你先接受「宅男內涵」，活出自我，那是很迷人的事。

積極發揮宅男優勢

人們對宅男的負面觀感，大部分是從「整天泡在電腦裡」延伸出去。這原本是宅男受攻擊之弱點，但你可以把它逆轉勝，變成你的強項。

現在沒有人去翻字典了，也不必看大部頭的百科全書，電腦躍升為所有知識的大寶庫。

而你早就搶在眾人之先，遨遊於電腦天地；或者你比其他人就是對電腦有更強sense，運用巧妙存乎一心。

這是你最寶貴的資源，不過方向可能略微修正，與其完全沈溺在一個單項，如電漫、電玩、下載音樂或影片，不如平均一點，也分配到汲取電腦裡的形形色色知識。

你讀過金庸武俠小說《倚天屠龍記》吧？張無忌身中寒冰掌，跌入山腰一處洞穴中，不理會俗世對他因父母那輩帶來的恩怨糾葛，自顧自地在孤荒邊隅，認真練功；等到大「功」告成，以神力擊破洞口，再現江湖。

想像你就如同張無忌，在電腦裡悄然練功，慢慢修成一位知識達人、生活常識達人，更好是兼懂一些星座、血型分析、魔術、歷史趣味典故。等到有機會使用時，你平日累積的這些小百科，就如暗中練就的武功，紮實地湧出來，使人激賞。

正如前述，電腦裡有很多性愛知識、技巧傳授，不論你現在身旁有無女友，反正多吸收這方面「他山之石」，以備現在用或以後派上用場，努力從理論轉變到實踐，讓她意外驚喜：「唉唷，你還真會搞花樣。」

自知宅男的性感

每個男人都有其性感一面，宅男亦不例外。既然宅男有自己的性感特色，實無必要

去跟一般男人的性感標準比較。好好經營「宅男自成一格的性感」，比起「推翻自己，照抄別人」有效率。

宅男的性感：

1. 女人明知你不是油嘴滑舌的料，你若感覺良好，一定要多讚美女生。當你讚美時流露態度誠懇，她會覺得你很性感。

2. 用你自己的語彙去稱讚，以自己的慣常動作去表現。「康熙來了」有一集邀請宅男與女神共舞，一位宅男被問到對某女模的感覺時，他居然害羞，雙手貼住兩頰，低呼：「哇，天堂！」

   這就是好例子，你的用語與肢體語言，滿不同於一般嘴甜、會看風向的男生；但有些女生反而疼愛像你這樣「有點傻勁」的表達方式。

3. 你不是愛情裡的老油條，你是新鮮貨。也許你會感到自己不夠亮眼、熟若自信；但美妙的是，正因為你的新鮮真實，有些女生才覺得你獨特。

追求歡喜的結局

不管是台灣電視劇，或好萊塢西片或日片、韓片，只要描述到宅男故事，最終都有一個類似結局：一出場的宅男的確很宅，但在君子好逑過程中，他雖本質不改本色，卻做了若干修正，與追求對象修成正果。

求偶，本來就是互相磨合。沒有天造地設這種好康，都是彼此為對方著想，各讓一步。

宅男，有很多迷人特質；不過，若以狹隘的定義，不修邊福是一大認證標誌。宅男，可以我行我素，信奉自然就是美。但不刻意打扮，跟邋遢是兩碼事，必須知道區隔在哪裡。

正如所有好結局的電影，男女主角最後都因為對方調整自己，而麻吉起來。宅男們，這是否也給了你啟示？你不需花言巧語，但上床的你可以無比溫柔；你無須時髦摩登，但下床後的你至少乾淨清爽。■

人
法
女
功

010

雙峰巍峨
我偏行

乳交嘛蓋讚

本招祕訣
乳交的秘訣：乳房夾得緊，乳溝塗大量潤滑液。女生臉部情緒要盡量「蕩」開來，男生保證看到神魂顛倒。以生理感覺來說，乳交是男生得利，男生在高潮後，一定要補償女生，使她也來一場高潮。

「美麗的乳溝，我的墓穴，我早晚是要死在那裡的。」

這是我在網路一篇文章中瞥見的情詩（出自女作家江映瑤之筆），忒也性感！

乳溝之搶眼，全身上下無可匹敵。我有個男性朋友C是個再正經不過的傢伙。有次聚會，他經由介紹與一位女生聊天，沒說幾句，視線就滑進她的乳溝。事後那女生到處散佈：「哼，還說多正經呢，初見面就盯著我的乳溝看。」

大家拿這件事訕笑C，他大喊冤旺，解釋她有一雙巨乳，偏穿低得要命的緊身衣，乳溝露得像輸洪道。他回憶跟她講話時，餘光已通知他「有狀況」，所以全力盯著臉，眼光不敢稍往下飄。

但堅持半天，目標實在太搶鏡頭了，他的目光終於失守，摔進她的乳溝裡。這是不是他的辯解，誰知道呢？

女人無須露到這麼惹眼，因不管露多露少，男人還是會想盡辦法偷瞄進乳溝，只要女生腰下彎遞公文、撿東西，在場男生視線立即移位，搶時間都要瞥一眼。

對觀者而言，乳房全露不如只露乳溝，一

條溝乍隱乍現，才令人流口水，猛去想像其餘的部分。

我有位男性受訪者對乳溝的偏愛無與倫比，他說每次僅需彎曲自己的手臂，目睹手肘折起來的那一條肉溝，便能想像是某位心儀女生的乳溝而暗爽。甚至，他連只要聽人說到：「時間就像乳溝，硬要擠，擠一下還是會有」，亦能勾引他想起那個畫面，竟也格外興奮。

其實他不算孤單，網路有個遊戲「猜什麼溝」，還滿多男人愛玩呢。起先，螢幕出現一幅小圖，只亮出女體局部溝狀，有三個答案勾選：乳溝、臀溝、臂溝。當點完答案，小圖變為全圖，答案揭曉。別以為你認得乳溝，許多人還常答錯。

演化心理學家查爾斯·克勞福（Charles Crawford）、丹尼斯·克瑞派斯（Dennis Krebs）都認為，乳溝能夠使男性增加對女性的注意和投資意願，即使不是在她們的生育期，乳房並不特別膨脹的平時，也都是如此。

談到乳溝，自然會想到乳交。我也記起了一位朋友邦子的故事。

唸性學，對我有個好處之一，常能交到莫名其妙冒出來的有趣朋友。我們多半沒見幾次面，一旦對方知道我所學背景，就會挖心掏肺，跟我請教從不曾對人啟口的私事。

邦子就是這樣熟識的朋友，她從日本來到舊金山學成後，留下為殘障機構服務，起初僅向我請問殘障人士可能的性生活困擾如何解決？沒多久，她就跟我聊起與美國男友的親密關係。

交往兩年後，前陣子他們結婚了，新婚後與邦子第一次見面，她意外哭喪著臉。原來老公某晚突然想跟她玩後庭，新婚嘛，雖然怕，她還是體貼應允。但試了好幾次，她痛得顧不得愛情，決定「關門大吉」。

老公隔天早上抱怨說，那以後他在婚姻中只能玩玩「香草式性愛」（vanilla sex，美國俚語，意味「了無新意的性愛」）囉。她聽了很難過，不知如何是好？

我安慰她說，很有可能，老公不見得非得指定要「走後門」，只是想變變花樣，就

像有人指定在香草冰淇淋上淋些巧克力碎片、果醬之類的，什麼新鮮配料都好。

再者，我指出肛交就像吃辣，不見得是每個人的一道菜，就算想試吃，也要熬過一段胃的折騰適應期。既然急不得，我就建議她和老公嘗試乳交，並傳授機宜要領。

一天後，她打電話回報戰果，語氣輕鬆多了，直呼有效，真的有效耶！

邦子是幸運的，能在性生活一開始有不協徵兆時，即刻處理，減少日後演變成危機的機率。

回應本文起頭的那一首詩，有一段句子，應是最好的結語：「但願男人，在我們脫了胸罩，肉團向兩邊擴散後，告訴我們乳溝不在了，愛還在。」

功法祕術

乳交，就是乳房性交，又稱作半身性交。

整個動作為女性夾緊乳房，男性將陰莖插入雙乳間，進行類似陰道性交的摩擦抽送，而達到高潮射精。

乳交，優點之一，男人可以體驗不同於陰道的摩擦質感，因為乳溝兩旁所夾起來的肉團，細嫩又飽滿，陰莖磨起來有特別觸感。

優點之二，男人可以在過程中，好好享受視覺刺激。當他看著自己的脹大龜頭，在她的乳溝中抽送，時隱時現，有頻率地「神龍見首」，往往倍感雄性自傲。

優點之三，男人能夠看見她的臉部表情，害羞也好，陶醉也罷，甚至紅暈發熱更好，配合流汗、髮絲沾黏在額頭上尤佳。上述景象表示這場性愛豁出去，雙方都圖個爽快，

使他慾火燒得更旺。

視覺有好處，也不完全男生受惠；女生稍一抬頭，便看見一粒飽滿的龜頭在雙乳間出出入入，連馬眼都瞧得無比清晰。而來勢洶洶的脹大龜頭，如木樁搗米，咚咚咚，眼前這難得一見的畫面，也挺能搔到她的視覺癢處。

乳交的兩個秘訣：乳房夾得緊，乳溝塗大量潤滑液。

床戲一揭開，不需急著乳交。

女生可以這麼玩：

女生應先來玩一玩逗人遊戲，躺平後，可有兩個動作：

1. 以手搖晃乳房，使酥軟如水球的乳房搖晃震動，看得他心癢癢。

2. 先將手指伸進嘴裡舔濕，然後揉捏自己的奶頭，做出極度享受狀，沒幾個男生擋得住這種誘惑，下體早已勃然大發。

3. 這一項動作係使用在乳交進行中，女生可把頭微抬，每當陰莖在乳溝中往前頂時，正好碰到她伸出濕潤溫熱的舌頭，或磨或含，接觸一下龜頭。

男生可以這麼玩：

男生手握陰莖，以龜頭摩擦她的乳房，重點放在奶頭與乳暈兩處，左右奶頭各摩擦幾十下。

亦可手握陰莖輕拍乳房，直到陰莖膨脹，甚至流出些許前列腺液，在奶頭上沾出勾芡為止。

通常，女生奶頭這時也益發堅挺了，他判斷是好時機，就可開始進行乳交。

在抹潤滑液時，最好是女生代勞，男生自己抹缺乏情趣。她先將潤滑液擠在手心，然後握住他的陰莖，反覆由上而下塗勻，等於像在幫他打手槍一般，舒爽綿綿。

女生該記住的事：

乳交快感一半來自摩擦，一半來自視覺。所以，女生要有這種自覺，臉部情緒要盡量「蕩」開來，例如搖頭、呻吟、喘息、流露不勝快活的銷魂表情，顯現出星眼迷離的樣子，男生保證看到神魂顛倒。

男生該記住的事：

以生理感覺來說，乳交是男生得利，他可

因此獲得高潮，也可能達到射精。

但對女生而言，頂多是情慾受到薰陶，為心愛的人如此做，有股樂陶陶的心緒；但她終究不太可能，因乳房夾住陰莖便達到高潮。

所以男生在高潮後，一定要補償女生，從其他地方如愛撫陰核與陰唇、吸吮奶頭，或正式交媾，使她也來一場高潮。

雖然，每個女生皆有乳房，但因Size不同，並非人人都適合玩乳交。若有男生的伴侶是小乳妹，他該心裡有數，不要那麼白目，竟建議玩乳交。

但小乳妹玩濕T恤很有特效，如穿著V字領的白色T恤，能表現骨感，也能凸顯精緻小巧的兩粒奶頭，也是滿多男人偏愛的眼睛犒賞。

乳交體位：

1. 男上女下—

躺在下位的女生以手掌心，將雙乳由兩側往中央擠；在上位的男生將陰莖插入乳溝中，以臀部施力，不斷前後抽送。

這個姿勢，方便女生略一抬頭，伸出熱舌，舔含插出乳房、迎面而來的龜頭。男生若夠體貼，應該在抽送之際，略微扶住女生昂起的頭，使其脖子不至於酸累。

2. 男下女上—

在上位的女生採取主動，跨騎在他身上，以雙乳夾陰莖，主動挺腰抽送，讓乳溝肌膚一直摩擦著陰莖。

女生在上的體位便利她行動自如，變化多，比較好玩。例如，她可這一陣幫他乳交，下一陣換做口交；或先乳交，後改成打手槍。花樣變來變去，刺激特深。

3. 直立式—

男生採取坐姿，雙腿打開，女生蹲跪在他的腿間。她以兩手從雙乳側邊往中間擠，或雙手捧在奶頭處，將肉團往中央擠，夾牢他的陽具。

另一種方式是女生以雙乳夾住陽具後，兩支手肘彎曲互抱，這如同拴了門一樣，才不會讓陽具滑出乳房。

夾牢陽具之後，女生的上身開始起伏挪動，進行抽送。並不時可低下頭去，伸長舌尖，舔弄他時而戳出雙乳的龜頭。∎

011

請你記得我床上的好

「extra」妙處不僅多一點點

本招祕訣

男人其實偏愛女人的「extra」體貼。所謂「小動作」之要領：當男人在女人身上做工時，女人自己施點小動作，搭配他的舉動。舉一反三多想些花樣，會使他體悟到妳在享受，有所回應，同樣快活。

很多女生跟喜歡的男生上床，溫柔繾綣，巴不得平時多練幾招，此刻能渾身解數，就算不到讓對方爽到刻骨銘心的地步，起碼也要一直被他記得，讓對方回味無窮。多半女生心態都是見他陶醉，自己會更陶醉。

女生跟情人、伴侶上床，最想做的事，便是把那首朗朗上口的情歌「請你記得我的好」，翻唱成更有韻味、更有意義的「請你記得我床上的好」。

平常學校沒教床技，女生確實私下該學習幾招，使男生驚喜，樂意「豎旗」誠服。

儘管所有性學專家都會說，女生在床上放浪狂愛的樣子，與體貼可人的模樣都具有同等價值，值得追求，端視當事人自願的選擇；但不可否認，許多女生仍比較願意被男生記得在床上的回憶，是溫暖、貼心，而非太過火辣。

我閱讀了大量男性接受兩性雜誌訪問，無獨有偶，也有相似結論。一般以為男人們喜愛女伴在床上發揮激情、賣力演出，兩人像在舉行狂歡派對。其實不盡然！滿多男生偏愛的倒是相反，喜歡女伴不時地給

予一些出乎意料的體貼小動作。

因平常男生大而化之久了，在親密時刻，他們希冀能享受到只有女生才懂得的細緻溫柔，看似不怎麼樣；但當招數使出來，男生特別有感覺。

女生們「多做那麼一些些」，往往就像拿著一根樹枝，就算輕輕點一下水面，便有漂亮漣漪一圈圈擴大。

別看男生粗線條，也別小覷這些細微動作。當男生行歡時，一旦品嚐女生奉送的精心釀製小菜，即使滿腦欲大幹三百回合，也會折服於妳的「extra」體貼。

「extra」表示「多一點」、「額外」、「特別」、「附加」等意思，用在性愛上，就是指特別設計的、比本來多一些些的小舉動。

妳可以想像去買一杯咖啡，店員在已八分滿的杯子裡，再好心地「extra」加到九分滿，只不過差一分刻度，妳也不見得真的在乎能撈到多少便宜；但妳見此舉，就是開心嘛。

假如店員技術好，每次都有本事一按機器，就是九分滿。妳當然不會為此不悅，但也少了一些「再補加一分滿」的賺到心理，而暗暗竊喜。

性愛也是一樣，當察覺對方體恤，為自己多付出「零頭」，每個人就是會格外心領。

人同此心，心同此理，不論男女都喜歡「extra」，當善用於床上，這是一門大家都得好好學習的親密關係心理學。

牢記extra這個字，體貼入微

妳不要以為床戲或愛愛，都一定是很費功夫的招數，不做則已，一做就有得操。實際上，有些都是本來就烘焙成型，妳只要略做點彩色奶油的花邊裝飾，保證端出來就是一個叫人歡喜的蛋糕。

現在，來看看有哪些招數，妳可以趁中多使一點力，促成更完美。

以五招為例，其餘舉一反三

第一招：男生正面仰躺，女生趴他身上親吻。本來他還靠著枕頭，但吻著起勁了，難免會略抬起頭，想與她的唇相貼更緊。

許多男人就在這時脖子痠，肩膀有點硬，姿勢並不如預期理想。但若因此調整姿勢，有些煞風景，他想忍一忍。

這當下，如果貼心的女生能察言觀色，看出他的窘迫，只消輕柔地以雙手撐住他的脖子，即可減少他為了配合親吻引起的頸痠。她還可用雙手捧住他的臉，對著熱吻，那他必然甘拜下風，服膺在妳的主導下。

這個貼心小動作，不知讓多少男生深深感激。

第二招：還在調情時，趴在上方的男人可能一邊親吻，一邊愛撫，原本他以為自己是主動，卻意外感覺女生以纖纖十指在他背後，輕如羽毛般搔來搔去。

這不是要他癢到發笑，使前戲嘎然停止。她只是深情地撫著他的背部肌膚，指甲溫柔遊走，沒有特定方向，漫步在雲端的感覺。

男人很喜歡女人這麼做，表示他讓她很放鬆、很慵懶，正在享受他的親吻或愛撫。

第三招：展開近身肉搏時，男生喜歡在

下位的女生以雙手捧著他的臀部。接著，隨陽具插入，女生手掌使力，將他臀部往自己陰戶方向壓下來；又隨著陽具抽出，雙手鬆開，讓他的臀部順利往後退。

男生喜歡這調調，表示他有啦啦隊助陣。也暗示她樂在其中，參與了陽具抽送大業，不是他在忙而已，感覺真甜蜜。

第四招：女生採取趴姿，男子陽具由後插入陰道抽送。

但女生並非保持不動，都由男生在搖臀插屌。她可稍稍抬高臀部，把陰戶往後撐高，自動順著他的來勢，也挪動雙臀，有韻致地配合陽具：前推一後頂、前推一後頂、前推一後頂。

如此循環，可增加陽具所接收的摩擦力，男生感受必然更刺激。

第五招：女生跨騎以坐姿面對男生，陰戶夾住陽具，身體自行擺動，一上一下抽送。

此時男生全身放鬆，舒適享受這片刻；或者也可用恥部相迎，咚地撞她的恥骨，然後分開，持續進行「互撞一下」的動作。

當女生下體夾得男生快要「胡牌」時，不妨「摸」花再加一台；亦即女生伸手向前，以拇指、食指沾口水或潤滑液，搓揉他的乳頭。看起來僅是多此一「舉」，卻勝過許多激烈的討好動作。

因為，男生乳頭擁有豐富神經，像女生乳頭一樣有高度感應。

「莫以善小而不為」，應以善小多多為

上述這些都是微小動作，單獨看，確實沒什麼大不了；但「莫以善小而不為」，女生們動腦筋舉一反三，多想些花樣，如前戲時抓搔陰毛、以嘴巴猛在陰毛上哈氣、來點局部按摩、吻濕了肚臍再吹乾、以舌尖玩弄他的耳垂，這裡摳摳、那兒捏扭……

所謂「小動作」之要領，是當他在妳身上做工時，妳絕不能像個無事人兒，一動也不動，好似妳身體在這裡，魂卻不曉得飛到哪裡去了？所以此時，施點小動作，搭配他的舉動，會使他體悟到妳在享受，有所回應，同樣快活。

這些感覺，對男人都是爽口的開胃小菜，略施小惠，男生感受無盡，何樂不為呢？■

012

早餐吃熱狗，很補

「晨間勃起」好好玩

本招祕訣

善用男人的晨間勃起，製造床上的樂子，女性可利用以下四招發動親密攻勢：擺好陣勢、對準方位、展開調情、口交早餐。剛醒就做愛太燥火，但身處半興奮狀態，才使人舒爽，微笑迎接一天。

最近，在一部票房亮眼的喜劇《愛情限時簽》中，珊卓布拉克扮演的女魔頭上司為了辦居留簽證，勾引嫩雞男屬下，騙婚以換取身份。

其中一幕戲，勉強可稱作「床戲」，大概也是好萊塢喜劇片裡最瞎鬧的床戲。兩人趁著婚前回男方家，與全家人初次團聚，白天都在作假，裝得卿卿我我，夜間則分「床」：女的睡床上，男的睡地板。

但當早晨男方家人叩門時，為了營造親熱假象，男屬下驚醒，趕緊從地板一躍上床，從她背後抱住，偽裝相擁共眠。

忽然間，女上司像屁股給挨了一針，鬼叫道：「咬唷，那是什麼玩意？」

男屬下一臉羞紅，恨這女人如此白目，咬牙切齒招認：「這是男人都會有的晨間勃起。」

這部喜劇電影基於製造「笑」果，好生嘲弄了男人一大早的勃起現象；其實，晨間勃起是很性感的。

台灣有一個挺性格的「表兒樂團」，發表過〈熱血男兒硬起來〉，第一段歌詞就是「我已經勃起來了，勃起來了，Oh！」聽

起來，不僅前衛，還真使人想跟著前衝。

時代果然有進步，90年代台灣第一個地下樂團主唱趙一豪出版專輯《把我自己掏出來》，那時還僅止於掏，就能誇稱男兒漢；現在不但掏出來，還附帶嚴苛條件，必須「橫柴出灶」──硬到很難掏出褲襠，那樣才夠氣派。

男人的勃起，以晨間發生最有意思，反正不管原因出在賀爾蒙影響、夜間憋尿或作春夢，總之帶著神祕、慵懶與捉摸的氣質，若再添加一點色情、遊戲進去，鐵定活絡性生活。

晨間勃起，英文叫「早晨的木棒」（morning wood）頗為傳神，更俗白的說法是「撐帳棚」（morning tent）。

網路最愛搞笑，可以輕易搜尋到「morning tent view」，讓人從字意上產生誤會，以為將看見男人晨間勃起的圖片，等點進去一瞧，盡是從露營帳棚內，拍出去的晨曦照片。看的人明知被騙了，只得苦笑。悶歸悶，但人家用這詞也不算錯，都怪自己想歪了。

義大利電影《激情假期》（Fallo!）片頭，男主角也是晨間勃起，從睡褲褲襠口挺出一根精神抖擻的肉棒。他老在打裸睡老婆的主意，不時以勃起下體頂撞她的私處。

在特意的取景下，老婆那兩片陰唇從微彎的大腿根部，如一顆豐滿的楊桃。真令人不得不佩服知名導演丁度·巴拉斯（Tinto Brass）的情色功力，這個畫面凸顯了女陰的立體感，看似汁多肉肥美的水果，難怪老公晨間勃起後，一直壓不住玩興。

老婆被吵醒後，似乎不怎麼高興，以手搗住桃花源，不許遊客探頭探腦，更遑論入內觀光。他靈機一動，從浴室拿來了電動牙刷，俯在床上幫老婆下面「打打蠟」。

好個「一日之計在於晨」啊，他玩到，她爽到，互相都賺到。

日本作家村上龍的小說《69》，被公認為一部暢快淋漓的青春物語，敘述1969年，在他高三那年發生的許多事，包括東京大學取消了入學考試，進到校園搞學運，趕上披頭四的風靡時期，熱愛和平與花，讀左拉的詩，並異想天開地舉辦了一場「晨間勃起嘉年華」。

村上龍說，「這是一本快樂的小說，我懷著『將來再也寫不出這樣快樂的小說』之心情寫出來了」。

一向主張「不快樂是一種罪」的村上龍，這一席話說到了精髓，「晨間勃起」真是一樁快樂的事兒。

對男人而言，硬挺的陽具代表即將有高潮射精（不管是自慰或性交）；對女人而言，硬挺的陽具代表即將帶給自己高潮。因此晨間若勃起，一大清早男人挺著、女人摸著那一根木棍般的陽具，前者很有成就感，後者很有飽滿感，雙雙快活。

只要發育成熟、身體健康的男人都會晨間勃起，尤其清晨4～6點左右，陽具隨著雄性賀爾蒙分泌達到顛峰，充血也達到最大數量，異常堅挺。

功法祕術

有此一說，東方人因為保守，都習慣於夜間做愛，古人甚至認為「白晝宣淫」是敗德之舉；但那是禮教吃人的舊時代觀念，早該揚棄。

更何況，科學證實在一日當中，清晨是男女性慾最高之際，一碰到白晝便不親熱，實在浪費了老天爺為人體所設計的精密構造。

現代人應多多利用男人的晨間勃起，發動親密攻勢，來一場「morning sex game」。

如何善用男人的晨間勃起，製造床上的樂子？

1. 擺好陣勢

不管之前雙方躺成什麼姿態，一旦一方醒來，如女方發現對方，或男方發現自己有

晨間勃起，玩興一起，便開始把睡姿調整為「湯匙式」體位。

所謂「湯匙式」，指雙方都朝同一方向側躺，男人躺在她的背後，雙方的腿略微彎曲，使男人的恥部與女人臀部，如兩根湯匙的密合形狀。此時，他勃起的陽具正好頂著她的臀部。

2. 對準方位

如果她先醒來，發現他有晨勃現象，遂將他翻成「湯匙式」體位；然後以兩片屁股的中央股溝，頂住他的陽具。這個行為富饒情趣，渾似把一根熱狗放進了對切兩半的長條麵包裡。她自行上下移動臀部，摩擦那話兒，直到他甦醒。

倘若他先醒來，發現自己晨勃，遂將她翻成「湯匙式」體位；然後以陽具頂在她的兩片臀股間，輕輕摩擦起來，直到她被喚醒。

3. 展開調情

男人並非每天都會有晨勃現象，萬一遇上了，可以多發揮在調情方面，毋需急著做愛。

譬如，以下是三種有趣的玩法。

第一種「轉圓圈法」：男生以穿著內褲為宜，因有層布料隔著，翹起的龜頭不致老是被頂到。女生挪移臀部，以勃起陽具為中心點，然後自動轉起圓圈，加強對陽具的外來刺激。

第二種「腿併廝磨法」：她趴在床上，他爬騎上去，將堅挺的陽具插入她緊緊夾住的大腿縫，當成是陰戶替代品進行抽送。

有潤滑液助陣，抹在陽具與她的腿縫之間，效果尤佳，抽送起來滑溜溜，絕不輸給性交。

第三種「幫浦抽水法」：這一招需要女方先醒來，發現他晨勃，以手心握住陰莖桿，一緊一鬆地像在打幫浦，充血的陽具將更為挺拔。他在這樣的「舒張壓」中醒來，不微笑都難！

4. 口交早餐

但最讓男人歡心的一招，是女人先醒來，發現他有晨間勃起，便俯下身去，張口含住他的挺拔老二，著實吸吮一番，直到他爽呼呼從神識迷濛中醒轉，必覺無比爽美。

這招在《金瓶梅》中曾亮麗登場：

「潘金蓮見西門慶仰臥枕上，睡得正濃，搖之不醒。其腰間那話，纍垂偉長，便用纖手摸弄。弄了一回，蹲下身去，用口吮之，吮來吮去，西門慶醒了，一面起來，坐在枕上，亦發叫她在下盡著吮咂；又垂手玩之，以暢其美。」

歷來閱讀《金瓶梅》的男性讀者，不曉得為此多羨慕「西門慶甦醒式」呢。這種甦醒的特殊方式，此生起碼要玩一次，妳會發現因此醒來的男人多心存感激啊。■

天色剛亮，他矇矓醒來，發現胯下那把號角慣常又吹起床號了。前方正好是她那枚豐滿溫暖的臀部，忍不住向前挪一步，透過內褲去頂她的肉，恍惚中醒了一半。

他這次想調皮一點，把七成硬的下體從內褲裡抓出來，由身後夾入她的雙腿之中。兩人保持這個姿勢，繼續假裝睡一陣。

木柴雖未直接放入火爐，但有聚溫效果，一個夾人，一個被夾，男人的恥毛還可不時磨女人的豐臀，而她偶爾屁股轉圓圈迎合著……

以上這段情節，絕對是夫妻、情人最棒的清醒方式。

但有一禁忌，就是不能躁進，男人不要一睜開眼，被早晨升旗現象搞昏了上面的頭，下面的頭也想蠻幹一場，見縫就鑽。通常，從香甜睡覺中突然被硬闖「前門」的女生，都像半夜有意外訪客那樣皺眉，感到被打擾。

漸進式甦醒的妙處，雙方都還有點睡意，不急著完全清醒，適合來一口暖胃開喉的溫茶，當他柔情地把勃起陰莖夾進她的大腿中間，就像一部007電影的名句：「我們在交換體溫。」

他可以讓陰莖隨時抖幾下，向她打招呼，好似在說：「親愛的，昨晚睡得好嗎？」她隨即將腿肉夾緊一些，屁股往後微頂，彷彿噴道：「咦，怎麼只有溫度計，那兩粒溫水袋呢，一起放進來烤暖吧。」剛醒就做愛太燥火，但身處如此半興奮狀態，才使人舒麻，微笑迎接一天。

013

吸精大法
祕術公開

看我的吸盤神功

本招祕訣

鍛鍊腳指的肌肉與神經，連帶延伸而促進陰戶更有彈性、隨心所欲收縮。可練習四招基礎功：用腳趾來擠壓紙張、對折毛巾、握筆寫字、剝開香蕉。隨時練習「陰部健身操」，促進陰部健康，恢復緊縮彈性。

念高中時，我常逛舊書舖，有次發現一本薄薄小冊子，才讀了幾行，就驚喜挖到寶物了。

這本貌不驚人的小書，內容出人意外，係介紹古時訓練妓女的功法，簡直像床功秘笈；我最記得其中一招配著插圖，妓女以五根腳指頭，正抓取撒在地上的彈珠。

那時，我看得懵懂，又因未成年，自知看成人書籍理虧；況且身邊人來人往，我忍著發窘匆忙翻了幾頁，只好依依不捨離去。

不過，當年一窺難忘，對那招「以腳抓物」印象猶深，卻不諳門道。直到這幾年研讀性學，看遍了情慾世界裡的花花草草，有的靠學校師傅帶進門，有的靠自練，武功已有火候，回想起那招妓女用腳丫子抓東西，終於悟到了竅門。

原因出在一般時候，我們的腳指頭僅用於著地，不常彎曲，使用率偏低，以致忽略了它們；但在性事這方面，腳指頭其實「大有貢獻能力」。

女性尤其受惠，倘若能夠持之以恆，練習動用腳指頭抓取東西，久而久之熟能生

巧，腳指頭神經自然會練出靈活勁兒。

然而，為何要勤練腳指頭呢？因為腳指的肌肉、神經一直鍛鍊，也會連帶地延伸到大腿那條塊狀肌肉，越練越有彈性。一路相通上去後，促進另一端所在——陰戶的緊繃程度，使陰戶更加能隨心所欲收縮。

陰戶練得肌肉更有彈性，想夾緊瞬間就夾緊，說俏皮一點，恭喜妳練就了「吸盤神功」。

剛開始練習時，一定覺得腳指頭怎麼如此「笨手笨腳」！連看起來體積不算小的彈珠都抓不牢，好不容易夾住，又掉了。

但勤練必有收穫，過一陣子腳指頭抓彈珠，如探囊取物，這時就改用鉛筆、吸管、迴紋針等，自己決定哪一種物品，反正難度要越來越高，吸「精」大法練成指日可待。

功法祕術

澳洲性產業組織曾發行一本《妓女手冊》，旨在傳授性愛技巧，幫助性工作者留住舊客戶。這一批招術包括：隨時裝出喜歡與他性交的表情、嘗試不同的做愛姿勢。

有些家庭主婦不忌諱閱讀對象是妓女，照樣拿來練習，畢竟只要有助於夫妻的性生活，多多益善。

女性大可不必嚴肅以對，覺得糟蹋自己，去向妓女取經討好男人。畢竟，能夠學幾招閨房好技巧，自娛娛人，何樂不為？

腳夾東西，一關過一關

剛開始就練腳抓彈珠，的確是「越級就讀」，來！咱們從最基礎功練起。

第一招：把一張A4大小紙張丟在地上，以

兩隻腳的腳指頭合作，將這張紙擠壓，變成一球廢紙團。

這招相當容易，練習時，認真體會「咦，其實腳指頭滿好用的，只是以前都沒想過，要以它們拿取什麼東西……沒想到這麼順利。」

這一招，才打開第一扇門，是為了讓妳的腳指頭習慣夾東西；但又不能挑太難，免得一直試不成，沮喪到不想練了。所以，擠紙團的難易度恰恰好。

第二招：拿一條新的小方塊毛巾，攤平在地上。伸出一隻腳，以腳指頭夾住毛巾一側的邊緣，漸漸抬腿挪動，將毛巾對折到另一側。

這是對折，接下來以同樣方式再對折，折成這麼一塊豆腐乾，就算通過。

通過小毛巾挑戰，拿出大浴巾，一樣以腳指頭把大浴巾對折再對折。一隻腳完成後，換由另一隻腳進行同樣練習程序。

毛巾折得很順「腳」了，換成對折報紙，因它面積大，所以必須對折很多遍，折到越小方塊越好。小祕訣──每折好一次，就用腳把四邊都踩扁一點，因不會鼓鼓的，再折時就好折了。

第三招：同樣將一張A4紙張放在地上，把筆身長的鉛筆夾在一隻腳的大拇指、第二指間，另一隻腳踩住紙張不易滑動。開始以鉛筆寫自己的名字。接著，把鉛筆換到第二指、第三指之間，一直換到第四指與小腳指之間。每換一次，都在紙上寫自己名字。

通通寫完後，兩隻腳角色互換，由另一隻腳也同樣做一遍。

妳會發現慣用右手者，一樣用右腳比較順；左撇子則用左腳較易掌握。而且，依序由拇指與第二指到第四者與小指頭，越到後面的腳指越難書寫。

第四招：這招可有點難了，但多練習，還是能過關。買香蕉回家，拔起一根，拿來練功。先把香蕉那根粗粗硬硬的蕉頭切掉，切到剛好可看見一小點蕉肉。

一手握住香蕉，抬起一隻腳，以兩根腳指夾住蕉頭皮，夾緊後，用力扯下一條皮。這樣陸續做，直到香蕉完全被剝了皮。

（當然這根香蕉不需練完後，還吃掉，沒那麼節省吧。）

陰部健身操，one more two more！

所謂「陰部健身操」，主要目的在促進陰部健康，恢復緊縮彈性。它有另一個稱呼：「凱格爾（Kegel）運動」。

五十年前，美國婦產科醫師凱格爾（Arnold Kegel）建議尿失禁的女性病患採用，結果意外發現，病患們不僅減少尿漏，也無心插柳地改善了性生活品質。

凱格爾運動，俗稱「骨盤體操」，以有節奏的一收一放來鍛鍊PC肌（恥骨尾骨肌肉群），增強女性快感，又被浪漫地稱作「愛肌運動」。

女性高潮時，陰道肌肉每隔0.8秒收縮一次，因此當PC肌強化後，女性做愛就像在強力放送。

不過，凱格爾運動不僅女性受惠，男性勤練也一樣可強壯性能力。

這樣說有點抽象，到底如何知道牽動的位置是不是那條愛肌？凱格爾運動做起來，很像「提肛」動作。簡單辨識法，當如廁時，設法中斷尿液，暫時憋住，此時恥部底下所動用的那塊肌肉便是PC肌。

練習的方式：提肛，憋氣，從1數到8；然後慢慢鬆肛，也是從1數至8，直到完全鬆開。此為一回合，開始從10回合做起，累積到25回合。這是一次，每天不同時段共作三次。

凱格爾運動最棒的地方，在於它的7/24特性，無時無地不可練，如坐捷運、上課，甚至跟客戶開會，或聽老闆訓話，都可暗自練，神不知鬼不覺地就練成了奇功呢。∎

014

女人射精
潮很大

訓練潮吹有一套

本招祕訣

刺激女性射精最好的下手處是容易引發高潮的G點與陰核。擔心尿床可先在浴缸做訓練，藉由男性協助，女性亦可自慰，使自己習慣一到高潮時敢鬆開腹腔內的緊縮，讓「不管是什麼東西」噴射出來。

女人能不能射精？儘管早在聖經舊約裡就提到「女人射精」，也見諸古代中國、印度經典，稱為「神液」；但歷來專家爭論不休，尚無統一定見。

有人說那要看「射精」的定義是什麼？要有多大流量才叫「射」出來，而不是「滲」出來或「流」出來？

光是爭辯這個定義，囉哩囉唆，就叫人性慾全消，更別說能亢奮到射出任何液體。

實際上為數不少的醫學專家都承認「女性射精」存在，當女性達到高潮時會從尿道射出無味無色的黏液，不同於有顏色、有氣味的尿液。它是類似尿道腺分泌物。

我帶領的工作坊有次在討論中，一位男學員說他多希望讓女友「射精」，他會覺得這是自己讓對方達到高潮，有此證據，將大大滿足。可惜，他的女友始終沒為他高唱「愛如潮水」。

這種心情不難想像，如反過來，情形也一樣。當女生為男伴口交、打手槍，瀕臨他高潮之際，她親眼目睹他馬眼射出精液，如滿天花雨紛紛落。

女生見狀，往往因此湧上成就感，心想

都是自己的功勞，讓他如此快活：噴得壯烈、表情欲仙欲死、身體抽搐痙攣，無一不證實了他此刻處於無上至樂中，而她是最大功臣。那份滿足心境，可想而知。

同樣地，將心比心，男生也很盼望能看見女伴射精，噴出一些體液，讓他見證自己帶給對方極樂，深刻感受到彼此貼近。

尤其，「女性不易射精，但我若能讓她射精，那對她而言，我就是獨特的！」這股想法，更讓許多男生躍躍欲試。

在一些文獻上，包括美國性醫學權威麥斯特、強森（Masters & Johnson）醫師都指出，女性能夠射精。那麼，為何很多女性沒有這方面經驗呢？

我不敢說：每個女人都會射精！但許多女性確實有「射精」的潛力，只是一直壓抑而已。

壓抑的原因很容易追查，解釋之後大家也很容易理解。因為一個人在成年後，「不能尿床」已變成根深蒂固的腦神經指令。女性們在高潮當下，下體一有欲射出東西的感覺，便錯誤判斷是尿床前兆，嚇得緊忙收縮陰道與尿道，當然就不可能發生「射精」現象。

我建議利用浴缸練習，施展這一招，必有進步。

功法
祕術

女性射精並不是那麼神祕，其實可以經由訓練催發，以下是幾項步驟：

卻除A片錯誤觀念

女性射精，常在A片出現。但那是為了達到戲劇效果，設計出來的特殊畫面，並非一般女性的常態表現。

例如，女演員事先會在尿道內塞入噴水道具，一到「良辰吉時」，她稍擠迫下體，道具裡的水受壓外射，看起來自然噴如水柱。

這類畫面的確壯觀，也很有視覺震撼，撩撥觀眾情慾絕不冷場。但觀眾看歸看，卻必須了解真相，不該為此受到誤導，以為女性射精一定都是如此轟轟烈烈；或以為如法炮製，沒能這麼壯觀就是失敗。

另外一個關鍵心態，不要被「女性射精」的「射精」兩字誤導。這樣的用法係取自於「男性射精」，但事實上，女性射精不會像男性射精那樣「大射特射」，而可能是「微量小射」。

很多女性會射精，量不大，噴射力道不強，都與A片相去甚遠。這時需要明白——A片是搞特效！

伴侶雙方應安心地接受：在現實生活中，女性射精的噴力、流量，均因人而異，敞開胸懷，接納任何現象。

轉移到浴缸陣地

女性不敢射精，放心地噴出體液，一大掛慮原因是擔心尿床；以為會噴出尿液，遂鎖住下體。

既然「怕尿床」是元兇，就逆向操作，把場景轉移到浴缸去。原因很簡單，浴缸隨時有水可以沖洗，即便是「想射精未果」，卻「排出尿液」，隨時以蓮蓬頭沖一下就乾淨了，不必有尿床尷尬，也不會有善後問題。

當陣地從床上移到浴缸後，女性在訓練射精時，可以撤除心防，放鬆地「想洩什麼就

洩什麼」。

大量的刺激動作
◎他的協助
當她裸體躺在浴缸裡，他可以蹲在前方，或拿小椅子坐在浴缸外。

刺激女性射精，最好的兩個下手處，是容易引發女性高潮的G點與陰核。

他的雙手指頭先塗抹大量潤滑液，一隻手愛撫她的陰核，另一隻手伸入陰道，摩擦頂弄她的G點。

雙手持續進攻雙「兩點」，嘴巴也可加入助陣與她濕吻；如果姿勢允許，還可以舌舔她的乳頭。總之派得上用場的途徑盡量使出來，促進她全身處於高度愛撫、刺激中。

◎她的自助
以上動作，也可讓女人自己進行。女人躺在浴缸裡自慰，使自己習慣一到高潮時，敢鬆開腹腔內的緊繃，讓「不管是什麼東西」噴射出來。

自慰目的，就是要多體驗這種「射精」或「放尿」感覺，從不敢、不習慣變成習慣。

記著哪！真的無須擔憂衛生問題，妳躺在浴缸內，隨時能清洗，所以放鬆身體，認真自慰，全神以觸碰G點為唯一標的。

回到床上主戰場
當在浴缸練習成功後，她已能放鬆下體，噴射少許或多量體液，帶著這個新習慣，最終還是要回到床上，那裡才是做愛的真正主戰場。如還有些許疑慮，最好在臀部底下，放一條折疊大浴巾。

這時，她的腦子應該鼓勵自己：沒關係，鋪一條浴巾了，放膽在高潮時鬆解下體肌肉吧，能噴就盡量噴。

還是不行則勿強求
經由上述努力，如她有射精潛力，自然最有機會射出。

但萬一試了很多次，還是無法有射精結果，也別過於勉強；不然，會增添她的心理壓力，自覺好像沒有「女性射精」就是哪裡不對？或者，感到對不起他而內疚。

他的角色是從旁協助，助一臂之力，語氣是鼓舞的：「慢慢來！不行也沒關係」；絕不是催促她：「快一點，快一點，怎麼還沒來？」■

015

踩上去，把高潮墊高

高跟鞋惢性感

本招祕訣

從前戲到做愛全程，高跟鞋都是法寶。輕踩或慢挑、倒掛與摩擦，亦可假想為陰戶而挺腰抽送。女人全裸只穿高跟鞋，採取站姿做愛，會使骨盆肌肉變緊，陰道的微斜高度，有助抽送時達到最佳摩擦效果。

女人對高跟鞋，簡直愛之如命。誇張地說，男人可以不要，漂亮的高跟鞋卻不能從生命中消失！

而且，不用特地打廣告，許多人自動會把它跟性聯想在一起。女人，常認為高跟鞋是她們性感的武器。穿上高跟鞋後，脊椎的弧度跟著往上挺，會使身體曲線看起來變纖細一點，高挑一點，因此女人自信提升。

女人愛高跟鞋，卻未必知道高跟鞋也可以是愛愛絕招。高跟鞋，不僅使身子墊高，也使高潮墊高！

英國「老大哥」真人秀節目主持人夏耐爾‧海耶絲（Chanelle Hayes），曾坦白招認做愛時別的都可以不穿，一定得穿上高跟鞋。

「高跟鞋，讓我很有自信，腿變修長，使男人覺得他是在跟超級模特兒做愛，而非普通時矮一截的我！」

這是心理層面影響，生理上也有好處，穿高跟鞋對腿肌、骨盆肌肉本來就有緊縮效果。除此之外，最近被證實，高跟鞋還跟女性的性高潮有關。

根據義大利Verona大學婦產科醫師瑪麗亞（Maria Cerruto），以66名五十歲以下的婦女為樣本，比對研究後，獲得以下結論：

女人若穿著2～3吋高跟鞋，採取站姿與男子性交，會使陰道呈現15度的角度差別；而且因穿高跟鞋，女性身體必須保持平衡，也會帶動骨盆緊縮。

這樣的微斜高度，有助益性交抽送時達到最佳摩擦效果，男女皆受惠。

平底鞋或光腳丫，就沒這些好處。

以上所講的骨盆，有三個重要組成：尿道、陰道、直腸，故傳統上鍛鍊經年的芭蕾舞者與體操運動人士，骨盆附近的肌肉都相當結實。

瑪麗亞醫師說其實有不少運動，能助益生產過的婦女恢復陰道肌肉彈性；但多數婦女都懶得勞動下面筋骨，最簡單的方法，莫過於臨場穿一雙適度高的高跟鞋，「姑娘擺好陣式了，殺將過來吧」。

西班牙設計師馬諾羅・布拉尼克（Manolo Blahnik）被譽為「高跟鞋貴族」，他的作品是女性心中最夢幻的高跟鞋，連天后瑪丹娜都這樣形容：「Manolo設計的高跟鞋像性愛一樣美好，但更持久。」據說，從四十步以外，憑鞋子的性感線條，便可以辨識出Manolo高跟鞋。

國外媒體比喻Manolo高跟鞋之於女人，就如Jaguar、古巴雪茄、貝魯格魚子醬、Dom Perignon香檳之於男人。他本身也說過一句很棒的註腳：「高跟鞋是一個小舞台，穿上它，妳就變得不一樣了。」

在這行地位尊崇的Manolo，毫無猶豫地支持義大利醫師瑪麗亞的研究結論，並大喊安可。同時，他也證實了許多男人私下跟他表示，「感謝你設計的高跟鞋，挽救了我們的婚姻」。

他指出，高跟鞋一向是女人討好男人、吸引男人最好的方法。至於挽救婚姻，他想理由大概不外是，老婆一穿上高跟鞋，女性嫵媚感又回來了，讓先生不禁憶起她談戀愛時的樣子，使他較樂意去面對「目前無論為了啥原因，暫時失去熱誠」的婚姻。

究其初衷，男人為何對高跟鞋有謎樣的喜愛？據專家說法，此一癖好的養成可追溯

童年，當他爬在地上，母親走近時，以眼睛水平線看出去，正好是她穿高跟鞋的視覺畫面。

母親一靠近，緊接著會彎下身去抱起他，加以照顧與愛憐。這種甜蜜的記憶「高跟鞋＝被愛」留存在心底，變成男子長大後衍生的情意結。

美國名模Tyra主持脫口秀，在第四季的首集中，為了收視率下猛藥，以「來自全球的sex tips（性撇步）」聳動題目當作主題。

一位現場女性觀眾提問，如何能夠讓她的陰部恢復到生產前那麼緊？

Tyra問來賓裡一名義大利女孩：妳們民族如何保持「底下那兒」（down there）緊緊的？她驕傲地回答，我們都靠穿高跟鞋，既好看，也使底下那裡肌肉變緊，才能夠享受更大高潮。現場女孩似乎都對高跟鞋魅力無法擋，一聽全樂歪了，狂叫不已。

倫敦「Perfume Shop」曾舉辦「有史以來第一場全裸香水秀」，模特兒必須一絲不掛走在伸展台，全身僅塗抹香水，芳香溢滿會場。

但說是全裸也不盡然，她們仍有唯一的遮蔽物：腳下那一雙高跟鞋。從這副景象印證了：女性或可不穿華服，卻不能不穿高跟鞋！

自從「慾望城市」走紅，女性觀眾被那幾個成天沒事都在買高跟鞋的女主角耳濡目染，更加認同女人「以買高跟鞋為天職」，以及「女性美是建立在高跟鞋上」。男性觀眾卻是聞「慾望城市」色變，怕身旁心愛的伊被那幾位慾望女人帶壞。

可是，現在女人真該好好讚美主，或任何想得到的神。因為「高跟鞋墊高了性高潮」，那大可跟男友或老公宣布：「親愛的，為了你的『福利』，我去採購高跟鞋了。」

功法祕術

女人心裡都很清楚，高跟鞋讓她們性感加分，卻未必想過把高跟鞋帶入性生活裡；或直接地說，帶入性行為中。如果是如此，妳還真錯過了法寶。

從前戲到做愛全程，高跟鞋都可介入。

第一種玩法：輕踩或慢挑

有的高跟鞋跟部又尖又細，呈現類似女性身體曲線的迷人弧度。前戲時，很適宜女生單腳穿一支這樣的高跟鞋，另一單腳站立，以便保持身體平衡。

男人躺在床上，女生站起，等赤足那隻腳站穩後，輕抬起穿高跟鞋的這一隻腳，把尖細的鞋跟踩在男人身上。

除非他要求用力，不然力道一定要適中，千萬不要像踩熄煙頭那樣使力。她可微微翹起鞋尖，讓鞋跟傾斜，頂在他的臀部、大腿，用力一點兒就好，足夠讓他感受有被異物戳到即可。

甚至，有些男人喜歡女人以安全力道，用鞋跟去挑弄他的性器官，從撥滾陰毛，到摩擦陰莖、勾挑陰囊，都使他們倍覺刺激。

第二種玩法：倒掛與摩擦

據試過的男人表示，這會有一種異樣且說不出的快感。女人把（基本上，越新越好）高跟鞋拿在手上，有時以鞋跟頂啊撥啊男人私處，有時以皮面去摩擦他的性器官。

部分男人直指核心，說當他們陰莖勃起時，女友把高跟鞋套在他們龜頭上倒掛著，那感覺妙不可言。就象徵意義而言，這個動作很像是把陰莖頂入了陰道內，所以引發一股強烈性衝動。

高跟鞋在視覺上，十分女性，具有陰柔美。當男人看到自己硬梆梆陰莖，套入極其陰性的高跟鞋裡，眼睛神經會大呼過癮。

這一招，很多夫妻或情人都沒試過；但玩過的人都說有趣或有爽到，新手何不親自品

嚐看看？

第三種玩法：伏地抽送

　　這招是第二種玩法的升級版，女生把那支高跟鞋放在床上，以手固定之。男生採取伏地挺身姿勢，將勃起陰莖伸進鞋子內；假想那是陰戶，開始挺腰抽送。她可以用另一隻手愛撫他的陰囊或恥部，或推其臀部助力。

　　但射精時，千萬勿射在鞋內，報銷一隻鞋子，說不定她會翻臉。

第四種玩法：做愛配件

　　女人全裸只穿高跟鞋，適合的體位有兩種：

1. 女下男上，但女人的雙腿翹高往後抬起，男人的恥部壓在女人陰戶附近。這樣，他可隨時看見那雙舉在半空中的高跟鞋。

2. 男下女上，女生穿高跟鞋坐在男生下體，互相頂撞抽送。男人只要一偏頭，便看見女生腳踝正穿著一雙「過去從未參一腳」的高跟鞋，陷在床被裡，倍添性感。

　　Handbag.com網站做過調查，穿黑色高跟鞋會讓女人自覺變性感，穿紅色高跟鞋會使男人注意力集中。紅色或黑色高跟鞋建樹最多，提供大家參酌。

第五種玩法：站著做愛

　　這招就是要發揮女人穿高跟鞋，使骨盆肌肉變緊、陰道入口呈15度的優點。

　　找一面牆，讓她上半身可以往後靠。接近門邊的牆壁最好，單手便能扶住門框，穩住身子。

　　千萬別靠著書架、立燈等家具，用力抽送，陣陣搖晃，厚重書冊容易跌落砸人，其他家具也往往重心不穩，都不夠可靠。

　　如果男女間站起來高度有落差，可利用家中地形、地物（如階梯、墊高等）的輔助。每個人狀況不同，有勞自己設法。■

016

熟女不外傳
性祕技

女人主動出擊

本招祕訣

從熟女巧寶庫可歸納幾點特質：選擇適宜體位、充分利用頭髮、以手遊走再以口吸舔、擠奶行達誘惑、不急著脫內褲。不管哪個年紀的女生，都該認真學上幾招，視時機、對象、情況，主動出擊。

真感謝「熟女」這個名詞的發明者，成功改造了一般人對年紀大女子的形象，從冷門股變成熱門股。

英語稱四十歲以上女人為「spinning」（紡線），因19世紀末歐洲未婚女性經常在家紡紗，所以這個詞有老姑娘的味道。

日語「大齡單身女性」一詞，聽起來「小生怕怕」，彷彿在說「她穿特大號鞋子」，讓人有壓力感。

熟女，此字源起於日本，比「御姐」好聽也性感多了。「熟」這個字用得最傳神，表示女人到了一定歲數，在人生、事業，尤其兩性關係，甚至性關係中都態度自信，表現成熟。

因為自信，熟女在床上是被男人期待的，她的看家本領包括主動、欲擒故縱、出手具有挑逗力、每招精準到位。

最靈的一點，男人喜歡女人很有把握地拋來媚眼，以及不明顯的一絲挑釁：「別懷疑，你是我的！懂嗎？我擁有你。」

有時，男人也會在來來去去的談情說愛中，感到厭了、膩了。他疲倦老是要當那個下決定的人，去哪過夜？去哪吃飯？

去哪泡溫泉？看哪部電影？下次換吃什麼大餐？公事上他已案牘勞形，如今私生活中，竟也是一堆「人際關係」公文疊得高出他的頭，等著他批示。

當男人厭倦了這個角色，他只想恢復成一個未發跡之前、未升主管之前、甚至未婚之前的那個自己！

他什麼都不想做決定，能力退化，情緒也嘔氣了。這時，他靈光一現，不能再找美眉來當奶爸了，要找也要找熟女，他有點累得想依偎在有自信的女人身邊。

到了熟女年紀的女子，都該培養「熟女精神」：老娘不必為年齡自卑，更不會因此躲在家裡哭泣；我現在是人生的黃金年華，才剛要享受生命的開始！

即使姊弟戀，干卿底事？我愛我的，又不礙到他人。熟女有自信，追求她之所愛。

我有位閨中密友就是這種熟女OL，下手吃了不同樓層一名新進男同事。她一語道破，經驗不多的男生性衝動90分、性技巧55分，有賴她發揮母性愛，慢慢玩，順便慢慢教。

她像聯考前幫他補習，爭取那寶貴的5分，補到及格。最後，帶著微笑祝福，平常心接受他「翅膀硬了飛走」。

熟女口愛蓋厲害

小悠曾是我的受訪對象，有次跟我報喜，說找到真命天女了。「三十五歲的熟女，而且很會含耶，每次都吱吱叫」（這是他加強喜悅的口氣，我也沒聽懂所謂吱吱叫是指他，或指她？）

我訪問小悠時，他還是生嫩大四生，交過區區幾任女友，全一掛美眉型。四分之一上過床，其中三分之一又把他踢下床，因他一入門就打躬作揖，「拜謝拜謝」退場。

他最愛被口交，卻沒幾位女生捧場，找各種理由推託。勉強含，也是比啃還不如。

直到最近大概轉運了，說他表姊一群人買了演唱會門票，臨時有人不能來，找他遞補。

到了現場，小悠被安排坐在表姊的同學隔壁，天底下，就這麼巧，他打聽她仍是單身，不愛同齡男子，偏愛童子雞，越無經驗最佳。

男歡女愛根本不需多找藉口，隔幾天在表姊同學開路下，上了賓館（依她的熟悉度像走自家廚房，小悠陶醉地形容）。

當表姊知道小悠不易立見雄風，毫不氣餒，反倒發揮母性，將那條軟中帶硬的肉棒子「送將口去」。她也喜歡包皮，以輕微之力咬齧、吸吮著那層皮質，還俏皮地吹脹。接下去，就使出真功夫口交，她一粒頭像電動馬達翻來轉去，技巧一流。

小悠從此開始了姊弟戀，一年餘還在熱頭上，真是一根草一點露，配得好就是天成。難怪，小悠說「等熟女不怕等得久，就要等得巧」。

熟女擅長床上神功

熟女對性技巧如何高竿？她們很懂得採取「人屌分離」高招，把男人的慾望操縱於掌心。

熟女在適當時候，會跟男伴發嗔，態度似冷似熱，放長線釣大魚，釣得男人猴急。

所謂「人屌分離」，指她故意跟陰莖相好，對他有些不理睬；也就是說，她會趴下去，或轉臉去跟男人胯下的陰莖親熱，如親吻龜頭、以舌頭跟馬眼打情罵俏，簡直在搞外遇似地，偏把上頭男主人置身事外。明明對他的屌卿卿我我，卻對他視若無睹，高招！

最高段境界，是「大眼勾小眼」。當她瞧他龜頭上馬眼時，嬌嗔表態：「哼，你這枚不安好心眼的馬眼，老色瞇瞇擠成一條線，看到我都流口水，小東西，小色魔，你怎會這樣色啊？」

「本小姐現在不甩這男人，偏不跟他親吻，寧願濕吻馬眼你這張櫻桃般小口。我不理他，但我疼你。」

儘管抱怨，口氣卻濃情蜜意。熟女知道她越跟馬眼說悄悄話，男伴越想要奪回她的注意力。男人跟自己的屌吃醋，絕非罕見。

功法祕術

除了以上大方向的操作法，熟女還有些小招式，乍看不特別，但用出來後就使男人軟化。

所有成年女人，都應該從這票熟女的成熟技巧中，認真學幾招。不管哪個年紀的女生，也都應有熟女這般功夫，視時機、對象、情況，主動出擊，煽旺他的慾火。

從熟女技巧寶庫裡，歸納出幾點特質：

1. 選擇適宜體位：男下女上，在上方的女人更便於肢體放開的各式表演，如甩頭髮、抖晃乳房、自捏奶頭、自摸陰部。

2. 充分利用頭髮：上床前，在浴室裡卸掉任何頭飾。彎腰數次，甩甩頭，使頭髮自然膨鬆。

   一旦熟女跨騎男人，低下頭去，從臉龐開始，一路以垂落髮絲撫觸到他的恥部，這樣來回做幾趟。如是直長頭髮更好，可以甩頭用些力，用髮絲末端拍打他的小腹，刺激其神經。

   若沒留長髮，可以熱鼻息或以口呼熱氣代替，從他的乳頭起，噴息至陰毛上緣。

3. 手是口的馬前卒：以指尖輕如飄雪般，在他全身皮膚上遊走。找到他特別敏感的地方後，以口吸舔該處。

4. 擠奶行遂誘惑：在他面前，先以手指將奶頭捏硬。再以雙手捧住那粒乳房，將奶頭湊近他的口，先是摩擦他的唇，然後逗他張嘴，含吮奶頭。

5. 不急著脫內褲：脫衣服只剩一條內褲，跨坐時，雙腿大開。此時，拉著他的手，伸進內褲裡「摸蛤仔」，因有內褲相隔，讓他分外地有偷摸的竊喜。

最後叮嚀，熟女是一種對先輩或資深者（年紀未必大，只是很有經驗）的尊稱，絕非拿來鄙視人老珠黃的貼紙。但唯有妳先相信這樣，妳才能流露這樣的氣質。■

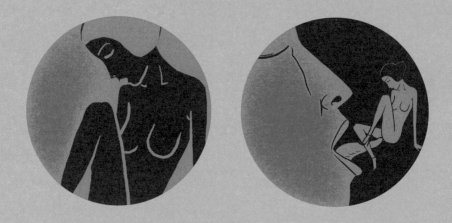

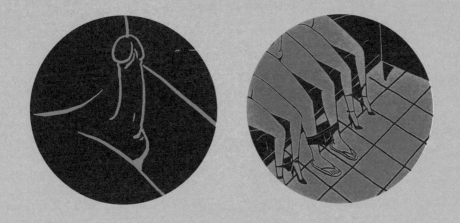

男人
功法

017

全面點燃慾火

「三點式」玉女心經

本招祕訣

「三點式」玉女心經著眼點，在於幫助實現性交時可一起爽到G點、陰核，還額外奉送奶頭，三點夾攻，讓女生爽不可支。其竅門存乎體位。只要體位做對了，一切都搞定。

從前網路不發達，情色資源貧瘠，能夠引發人們性幻想的字眼寥寥無幾，其中「三點式」比基尼、「露三點」算說得比較頻繁，也頗有威力，乃較能使腦筋亂想的觸媒劑。

女性兩截式泳裝，稱三點式，但為何叫做比基尼？

50年代，法國設計師路易斯‧里爾德（Louis Leard）在巴黎發表這一款女性泳衣，僅以三塊布、四條帶子，遮住胸脯與鼠蹊部（全部布料不足30吋），穿上後幾近全裸，被認定是服裝界爆炸性的創新；而正好那時美國在太平洋馬紹爾群島的比基尼島上進行原子彈試爆，因此命名「比基尼」。

至於何以叫「三點式」？往浪漫的方向推測，是胸部兩點，外加私處一點，三處形成一個三角形。

「三點式」泳衣很有名，一般人卻未必知道在性愛中亦有「三點式」秘技。

「三點式」床技，簡言之，就是指在交媾時，要讓女生同時滿足到G點、陰蒂、奶頭三個點。

「三點式」性愛進行過程如下：

1. 陰莖插入陰道後，設法摩擦到第一點：G
   點，保持這樣子抽送。

2. 伸出一隻手，按摩第二點：陰蒂。

3. 伸出另一隻手，愛撫第三點：乳頭。

G點、陰蒂、奶頭這三點，都是女體最敏感、也最能製造快感的地方。當它們能夠在同一時間被陽具或手指磨捏，等於是把原先的快感乘以3。

這一套攻勢適用於所有女性，年輕女孩更受用。因略有做愛經驗的女人，知道若要快活，除了讓陽具不斷插入去頂撞G點，還需自己動手揉捏陰蒂，才能樂上加樂。

但無經驗少女，或較文靜屬於「玉女型」女生，則需男伴伸出「兩」臂之力，助攻陰蒂與奶頭兩點，這幾招才有了「玉女心經」俗稱。

功法祕術

基本上，女生在性方面有兩大快感來源。

其一是「陰道高潮」，發生於男女性交，當陽具插入抽送，或以替代物如按摩棒、假陽具、手指插入陰道抽送時，所獲得的高潮反應。

其二是「陰核高潮」，又稱「陰蒂高潮」，發生於陰核被摩擦、愛撫、承受適度壓力時，所獲致的高潮反應。

很多女生認為「陰道高潮」不如「陰蒂高潮」強烈，所以都希望在性交之際，男生挺著下體抽送時，能夠盡量以恥骨磨頂到她的陰核。對女人來說，同時刺激陰道與陰核，才能更爽。

但不管用陽具去頂、用恥骨去磨，畢竟都不如以手指靈巧地揉捏、愛撫，來得正中下

懷。

「三點式」玉女心經著眼點，在於幫助實現性交時可一起爽到G點、陰核，還額外奉送奶頭，三點夾攻，讓女生爽不可支。

當陽具正插入陰道抽送時，男生即使有心想以手指觸碰陰核，帶給她快感，也十分不易。

因在正常體位性交中，男生鼠蹊部不斷頂著女生小腹，想彎一隻手進去那片空隙，礙手礙腳，讓抽送動作不順利。

由此可知，「三點式」的竅門，都存乎體位。只要體位做對了，一切都搞定。

執行「三點式」玉女心經術，以下四種體位最適當：

【第一招體位】

女生正面仰躺，但身子有點往右邊側斜，左腿抬起擱在男生肩上，右腿放平在床。

男生跨開雙膝，穩住重心，跪在女生兩腿間，肩頂住她的左腿。接著他伸出左手對準陰核，施以愛撫。

此時，男生身體可稍微前傾，右手從她的左腿外側伸出去，愛撫她的左邊奶頭，如此三點全照顧到了。

【第二招體位】

女生採站姿，面對牆，雙手頂在牆壁，支撐重心。右腿（左腿也行）朝後勾起，旁邊放一張椅子，或選在旁邊有沙發的面牆之處，向後勾的腿便可放置在沙發上，不必辛苦舉著。

男生站在她背後，以陽具由後方插入陰道，抽送時頂磨G點。兩隻手派上用場，一手伸向前面下方，去愛撫陰核；另一手伸向前面上方，去愛撫乳頭。

女生最好站在距離牆壁約30公分，雙手頂在牆上，彷彿作伏地挺身，上半身前傾，臉也可貼在牆上當另一支點。

這個體位好處是女生站著，可行動自如，不必都靠男生抽送；她的下體也可使點勁，調整G點的面向，迎合陽具。

【第三招體位】

女生採趴姿，男生由後插入，龜頭不是直直進，而是略朝下插入，盡量每次抽送時都

頂到G點。

再來，男生自行決定雙手如何分工，需有一隻手往前彎，去愛撫陰核；另一隻手向上探，去愛撫奶頭。

女生注意了，盡量趴好姿勢，拱住重心；因男生為方便做出摸乳動作，難免身體向前壓，部份體重要女生幫忙承受。

【第四招體位】

女生仰躺，雙腿打開，舉高朝後；然後以兩手勾住，讓腿保持在半空。

男生跪在女生腹地洞開的下體後方，陽具插入後，抽送時一樣盡量磨頂G點；接著分別伸出兩手，去愛撫陰核與奶頭。

【第五招體位】

這招就是一般說的「男下女上」騎馬體位，女生坐在男生胯下，自行以陰戶夾住陽具抽送。

男生除了挺臀迎合，加重互撞力道；雙手勿閒著，一手揉陰核，一手摸奶頭。

此一體位的好處，雙手極為方便輪流交換，既讓陰核一直被愛撫，也讓雙邊奶頭都有機會被搓揉，增加刺激。

或者，採行集中火力的策略，兩隻手同時挑弄陰核。等到陰核堅挺勃起；兩手才往上移，各捏一邊奶頭，也是火力全開，捏到奶頭膨大為止。

【三點式變式】

「三點式」還有一招變式，同樣在女體上會有三個落點；除G點不改，其餘兩點略作有調整。因為，有些女生做愛時奶頭可以次之，但特別喜歡在陰道性交，全面強化陰核刺激，這招正為此目的誕生。

女生採正躺，臀部著床，雙腳抬起，膝蓋併攏，小腿自膝蓋下岔開，腳踝分別放在男生左、右肩膀上。

男生蹲跪在女生面前，雙肩很夠義氣，讓女生的腿當靠山。

男生一邊將陽具挺入陰道抽送，龜頭照例，仍要設法摩擦G點。

仔細看圖，此時女生的雙腿併膝又分開，呈現形狀像這樣「＞＜」的內八字，由於兩小腿形成一個「Ｖ」字母，正好托住男生欲往前壓的上半身軀體。

他的前傾身軀壓在女生的膝蓋交叉處，正好受到阻力而撐住。在穩穩當當中，男生靈活地伸出雙手，各以一根拇指，同時在陰核左右兩側，摩挲著那粒「紅燦光彩」的非洲之星。

　　這一招雖因女生雙腿擋駕，不易摸到奶頭；但對偏愛陰核快感的女人是天造地設體位，男人很方便用雙根拇指，為陰核來一場拇指spa，左右兩半都被按得頭角崢嶸，爽勁不絕。

　　這時陰核被兩手觸摸愛撫，應算「兩點」，加上G點，還是三點式！■

018

喝一杯珍珠「奶頭」茶

為女生勤練口技

本招祕訣

女人要能享受口交愉悅，必須以新的眼光看待自己的私處，瞧出陰戶的美。男人則宜先派遣手當先鋒，再進一步鍛鍊舌功，妙技就是買一杯珍珠奶茶，邊喝邊練，等到真正用在女體上，自然熟能生巧，命中紅心。

有人說，一個男人所能為女人做的事情當中，最美妙的一樁，就是為她口交。對某些女人感受而言，接受口交的滋味棒兮妙哉，其程度還勝過性交。

男人若樂意為女人口交，儘管她嘴上不說，或未必會特別表示感激；但心頭常會因此安慰、感動。

自從我出版《口愛》後，推出了「口愛工作坊」，來上課的學員清一色女生，多數是自願前來，也有一部份表示男友付學費，請她們來「取經」，回去之後全數貢獻在他們身上「取精」。那麼多場工作坊下來，沒有一名男學員出現！

這與我在舊金山的經驗大不同，我參加過好幾個跟性技巧研習有關的工作坊，現場所見都是情侶檔、夫妻檔，男生並不缺席。即令有一次，我參加知名情趣店鋪「Good Vibrations」推出「陽具按摩班」，雖然超出一半為單身女性，還是有三對男女加入。

看樣子，那些男生是陪女伴來；現場學員每人領到一根教學用的假陽具，男生也不例外。我目睹他們照樣跟女伴一起認真學

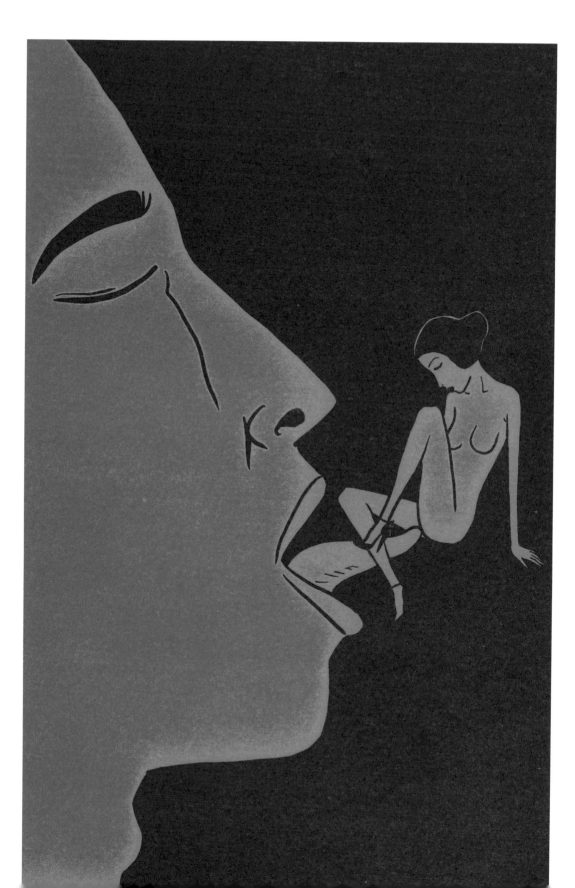

習，經常交頭接耳討論、互相糾正。

從這裡，獲得了一項結論：在台灣，我們談論口交，談了半天，其實講的大多都是女為男口交，而男為女口交的比例則相對低很多。似乎，女為男口交是「按照慣例」，男為女口交就是「特殊案例」。

這個現象有意思的地方，是男生大都喜歡被口交，如果女伴不愛口交，他們也會暗示、明示，或苦苦哀求：「幫我吹一支小喇叭奏鳴曲吧。」

反過來，很多女生不愛被口交；精準地說，應該是害怕男生為她們口交。也有部分女生是心裡頭愛，卻不敢表露。

再加上有不少男生能不為女伴口交，就盡量不做；因此，女生自我放棄權利、男生也樂於順水推舟，男為女口交的「成交數量」，始終遠比不過女為男口交。

總體來說，女人對享受口交很矛盾，又愛又怕。愛的當然是那綿綿不絕的爽妙滋味，怕的是男人「一往下趴」，她心頭的那一縷陰魂就復活了。

幾十年前，還不到半世紀，在一些大家庭裡，女人的內褲竟規定不准和男人的衣物一起浸泡。由此可見，傳統觀念對女性陰部的歧視有多深！

在這樣社會成見與家庭教育中長大的女生，常自覺私處不潔、不美，很怕曝光，被男伴看到，更別說是讓男伴以舌頭舔弄私處了。不少女生念茲在茲：他覺得我那裡不美怎麼辦？他聞到我那兒的氣味怎麼辦？

女人要能享受口交愉悅，首當其衝，在心理上必須扯斷傳統加諸的束縛，以新的眼光看待自己的私處，學習正向思維，瞧出陰戶的美。

男性遇到上述這種心防的伴侶，不宜操之過急。他可能講再多道理，她也聽不進去，不如採取實際行動，化解她的疑慮。

有位男讀者常看過我的書與部落格，也會在線上請教問題。最近他悶悶不樂，據說跟女友的性愛像被抽掉木柴一樣，火勢瞬間小下去。他希望我教他一兩招，重燃熊熊慾火。

問了些基本資料，我像一位占卜師指出迷津：去喝一杯珍珠「奶頭」茶吧。

從戰情回報得知，他特別喜愛舔女友奶頭，先以手指愛撫，奶頭因此變得硬中帶點兒軟Q，嫩紅色乳暈上像一顆糖粒突起，他只消舔幾口，下體就勃然大發。

但後來幾次，他似乎舔太用力，有時還不小心咬到，她便說會癢又痛，露出欲迎還拒。從此他不太敢再「開口」，只能以手指聊甚於無地摸奶頭，就從這個「犯罪起點」他的慾望消退了很多。

這位男讀者懷疑自己還處於口腔期性慾，他喜愛舔女友身體任何部位。雖然舔奶頭未遭她拒絕，不過，她臉部表情與肢體語言也沒相對熱情，既然女友消極配合，他只好知趣而退。

我建議他還不必退那快，多去買幾杯珍珠奶茶喝，練練自己掌握含粉圓與咬粉圓的勁。

功法
祕術

五指功，卸下女人心防

別急著直搗黃龍，直接為她口交。嘴巴且慢啟動，先派遣手當先鋒。記著步驟宜緩，從要塞周邊下手：

1. 伸出手指，往下去愛撫她的陰戶。
2. 抽回手指，放進口中去舔，發出嘖嘖嚐美食聲，作用在讓她放心「我沒有被嫌」。
3. 多嘗試幾回，一再向她示範，自己對手指上沾染的陰部氣味一點也不像她想的那樣負面。漸漸地，她才可能放鬆輕鬆肉體（尤其是鎖緊的下體），進入享受狀態。

練舔功，多喝珍珠奶茶

許多女人很喜歡被吸奶頭，更愛被舔陰核。但是，並非每一位男人的舌頭功夫都能

討好女人。特別是陰核這麼嬌嫩、敏感的地方，被不夠靈活的舌頭舔起來，不僅無法助燃慾火，甚至可能澆熄慾火。

為女人口交，帶給她快感的祕訣，就是舌功。有一招用來鍛鍊舌頭的妙技，方法簡單到嚇你一跳：買一杯珍珠奶茶，邊喝邊練！

原因也同樣很簡單，不管是陰核或奶頭，形狀與質感都與珍珠奶茶中的粉圓神似，以粉圓來練舌功，等到真正用在女體上，自然熟能生巧，命中紅心。

既是練功，當然不能像以往那樣隨便嚼嚼，咬幾口便吞入肚。這次態度要認真，好好來練一練含粉圓、咬粉圓的那股勁，該如何掌握。

1. 滾動單顆粉圓：

吸管每一次只吸出一粒珍珠粉圓，含在嘴中，不斷以舌尖去滾動那粒粉圓。360度地轉，速度由慢加快，可以滾，可以頂，可以擠，可以撥，讓舌尖非常熟悉怎樣推滾、撥弄珍珠粉圓。

2. 細數多顆粉圓：

一次多吸幾粒粉圓入口，以舌尖當工具，清數粉圓的數目。這樣子，整條舌頭的尖端、側面、正面都有動用到，將增進「左搓右洗」的靈活度。

3. 以齒輕咬粉圓：

或許細嫩的陰核不宜，但牙齒咬齧奶頭，只要用對力道，再配合吸舔動作，奶頭會感到爽綿綿，麻入心扉。

平常「養兵」時期，利用珍珠粉圓滑嫩的特性，訓練牙齒輕輕的咬勁，去體會用多大力咬，引起QQ粉圓多大的彈性回來，拿捏那一條「力道恰到好處」的界線。等到了「用在一朝」時，咬起來便有信心。

喝珍珠奶茶，既方便又不花多少錢，使練口技變得不再那麼單調，反而還有些口味、趣味。

一旦功夫練成，為女人「舌燦蓮花」一下，別說是珍珠、瑪瑙了，這股爽勁比送她鑽石還過癮。■

019

融到冰山美人嚶嚶叫

惡補一課「冰箱性愛論」

本招祕訣

「冰箱性愛論」應用在男女情事上，就是指不要忽視小節。挑個假日幫女友、老婆清理冰箱，好心必有「爽」報。或將內衣褲、眼貼先冰一下，製造皮膚接觸的刺激感，也是前戲的好創意。善用冰箱，妙用無窮。

「冰箱所藏何物，道盡你這個人」（What's in your fridge says a lot about you.），這是一句響亮的俗諺。美國八卦雜誌趁金髮大妞妮可‧史密斯暴斃，你想都沒過，他們發出英雄帖，最想盜取的畫面是什麼？居然是她家冰箱中放著啥物？有何內幕？

CNN在某一年「情人節專題」報導中，製作單位靈機一動，索性來個大臨檢，把鏡頭一路帶到CNN新聞棚員工休息室，打開冰箱。除了牛奶等飲料，赫然發現了禮盒紙袋，包著一條「維多利亞祕密」的高檔內衣！

全組拍攝員工都傻眼，靜默一會，大家輪流扯嗓子尖叫，奔相走告：「你絕不會相信我看到甚麼……」，這時顯出新聞從業人員都是凡夫俗子，為此個個花容失色。

CNN沒挖到真相，只能猜大概是哪個火辣靚妹，計畫本來下班後，隨即換上涼颼颼的漂亮內衣去幽會，賞給情人一頓「生吃蠔肉」。但這下弄得舉國皆知，白白損失了一條據說是丁字褲。

其實，這項作法倒不失為一個好點子，

把內衣褲事先藏在塑膠袋（纖維才不會沾到水氣），放進冰箱內。等要親熱前，取出來輕裝上陣，肌膚之親變成肌膚之「冰」，讓對象唉唷唉唷地既錯亂，又驚訝。當自己身上的內衣褲神奇地漂浮著輕煙般的縷縷冷霜，比舞台噴乾冰還有戲劇感呢！

如果內衣褲的質料為絲綢更佳，還可以保存薄薄的表面寒冷，效果更驚奇。對方遂以手愛撫、以臉摩挲、以口哈熱氣、以私處緊偎那條冰內褲，一時吋暖和起來。如果穿著的是女人，而哈氣取暖的是男人，不就應了那句老詞：溶解冰山美人？

內褲與冰箱這兩樣東西，說穿了是同樣意涵，具備同樣的學問，都反映主人的祕密個性。

它們功能很大，造福主人甚深，卻同樣都隱身在不被注視的角落。冰箱外表看起來光鮮，內衣褲也是。

但打開冰箱、露出內褲可能又是另一番景象了。可能會發現冰箱中食物亂塞，有些還過了保鮮期，一股怪異的空氣隨即飄出。內衣褲也可能遭逢如此命運，遠看尚有模有樣，湊近一端詳，或許發現鬆緊帶垮垮的，布料表面起毛球了，說不定裁邊有一段線脫落，更慘是有幾小點黃漬。

難怪有人說，你要追哪個人，先設法去檢查他家的冰箱！絕對是比塔羅牌還準的第一現場！

這種說法的意思，是當你在追求某人時，如果對方單獨居住，那麼去拜訪一趟，趁機看幾眼冰箱裡的陳設，有哪些食物？喝什麼飲料？擺放得整齊與否？是不是有濃郁的大雜燴氣味？類似線索，都是「知彼」的情報。

網路最近有一則話題「整理清爽的冰箱，會不會使你發生豔遇？」（Will a clean fridge get you laid?），這句話指出，男人或女人藉著整頓冰箱的雜亂，開始連帶想要整理自己的門面，「學習連小地方都不放過」，因為他們在清洗冰箱時「抓漏」，發覺一個偉大的真相：貌似不起眼的水漬區，經年累月沉澱，那才是發出不悅氣味所在，這點行家才懂。

冰箱與內褲很像，冰箱跟性愛也很雷同。有人把冰箱當作私人領域，不喜歡外人沒

經許可隨便亂動。

如果有外人來家裡作客，全家打掃得一塵不染；直到打開冰箱，發現美中不足之處，嚴重露餡，那才最嘔人。

「冰箱性愛論」的觀點，應用在男女情事上，就是指不要忽視小節。很多例子顯示太過自信的人，最後都敗在這種細微末稍的「小」節上。

記著幽會前，勿以為今晚應該不會有「餘興節目」，所以偷懶沒清洗下半身，寧可多此一舉清洗，備而不用，也不要一脫褲成千古恨；或者把鬆緊帶垮了的內褲穿出來嚇人。

功法祕術

認知「冰箱」與「性愛」的糾纏

人們把要吃的東西，往冰箱裡擺，所以冰箱是「食慾」提供者。性愛，則是「色慾」的供應商。食色不離家。

我們面對冰箱的態度，很像對待性愛。覺得冰箱裡很多好吃、可吃的東西；但每次打開冰箱門，都要翻來找去；或者必須先忍受一陣異味，最終才得以享用口腹之慾。

性愛也是一樣，它讓我們滿足生理慾望，獲得高潮犒賞；但一想到有些花招玩膩了、過程變得形式化，如果要變變花樣，就像要下定決心大掃除冰箱一般，想歸想，但身心就是沉沉的，提不起勁。

幫女友、老婆清理冰箱，好心有「爽」報

這時，體貼的男人就該出現了。

女人對於清理冰箱最頭痛，上層冰櫃要退冰，下層要把瓶瓶罐罐、食材剩菜搬出來，已經氣咻咻。等到濕抹布、乾抹布、紙巾幾趟擦下來，「老娘半條命都去了」。

如果是一對夫妻，同樣男女持家，男性對冰箱的雜物堆放、不悅氣味似乎都視而不見、充鼻不聞；唯有女性牽腸掛肚，很想清理整頓；但一想到幹活規模吃重，心有餘而力不足。

男人如果很想討好她，也很希望今晚來點激情戰火，那最識相、最有效的途徑，就是挑一個假日白天與她合作，將冰箱裡改頭換面，看起來清爽，聞起來清新，「鳳」心大悅。

相信我，有了你的幫忙，使冰箱內煥然一新，會讓很多女人發自真心感激。她一旦少了心頭念茲在茲的大患，夜裡一定身心放鬆，很樂意以做愛犒賞你。甚至，一高興，平常不太自願的事，今晚你說了算！

冰箱尚有妙用，別辜負

除了把內褲冰在冰箱裡，製造皮膚接觸的刺激感。還可以買眼貼，就是裡頭裝著藍色水液的眼罩，放進冰箱取出後，在前戲時，便能放在對方眼窩，促使身體放鬆。

有時把冰涼的眼貼，放置在乳頭或特定敏感處，也是前戲的一種好創意。

最後一項提醒，前戲常會玩到冰塊。利用自己冰箱結冰時，請把結冰器以塑膠袋包妥才放入冰櫃，當取出一塊塊方形冰時，才不會沾上冰櫃裡的魚腥或肉味，使前戲掃興。

■

020

做愛像
好色兔子

「抽送」動作更多變化

本招祕訣

不讓床戲變成老掉牙劇碼，最簡單的改善法就在於
改變抽送動作，不妨輪流試試「好色兔子」抽送
式、「素女經」抽送式或是「機器人」抽送式，讓
抽送韻律多一些變化，雙方更能享受抽送的快感。

「我曾經做愛做得很凶，就像一隻好色兔
子！」拉丁歌壇天王胡立歐在最近一場演
唱會招認，舉世男性聽眾都羨慕死了。

胡立歐本來就有好情人美譽，現在又承認
不僅談情說愛，還把愛大量做出來。

這句話真傳神，幹得像一隻兔子！光想像
那副畫面就很有feel。胡立歐說他24歲出道
時，做愛做得賣力起勁，就跟兔子在搞一
樣。

他迷信演唱會前一定要做過愛，才能把歌
唱好，讓演唱會圓滿落幕。歌迷們恐怕要
樂陶陶地想著，他的兒子安利奎就是這樣
生下來的小兔子吧！

兔子常被想成是好色動物的代表，牠們的
繁殖力超強，且一直吃個不停，貪色又貪
嘴。從網路上收集的資訊看來，兔子不僅
跟同類嘿咻，若與其他動物養在一起，還
常常想趴在貓咪、雞身上「友好一番」。
兔子如此好色，難怪會在情趣用品世界
裡，獨占鼇頭。

這可並非指「龜兔賽跑」，而是全球賣
得最好的按摩棒，一款叫做「Jack Rabbit」
的粉紅色造型。特殊設計在中央那一截，

塞著很多粒白色珍珠，啟動時顆顆珍珠會滾動起來，好像在對陰道內壁做全方位突刺，滋味妙哉。

它最讓女人津津樂道的還有一項，按摩棒附著一隻長耳兔子，每次頂進陰戶時，兔耳朵剛好摩擦到陰蒂，更是妙不可言。

所以，正如瑪麗蓮夢露那句名言「鑽石，是女孩最好的朋友」，兔子也是！

功法祕術

從兔子的性活力，讓人不禁聯想，如果男人把自己想像成一隻蹦蹦跳跳、活力飽滿、性慾高漲的兔子，做起愛來模仿兔子快速猛頂的動作，大概滿能助興唷。

床戲，最怕就是戲演老了，情節、對白、走位一律都是套公式，熟悉到如不節制一點，還會打起哈欠，讓對方掃興極了。

但你摸摸良心想一想，如果同樣一對男女主角演對手床戲，演久了，卻始終沒推陳出新，怎會不打哈欠、煞風景？

最簡單的改善之法，在於改變抽送動作，讓抽送韻律多一些變化，自然情緒也就跟著增多。

當陽具插入陰道裡抽送，一般都覺得沒啥學問，不就是連續一進一出而已嗎？那未免

太單調了，事實上，抽送動作有幾種方式，輪流使用，雙方一定都更享受抽送的快感。

「好色兔子」抽送式：

兔子交媾的方式，因動物習性，都採取趴姿，公兔子趴在母兔子身上，由後方插入。當插入後，公兔子臀部宛如電動馬達，在短時間內，快而猛地連續抽送多次；然後暫停一會，又再度以先前的方式猛烈抽送。

如果無法想像，可以在YouTube上搜尋，有一些兔子交媾的短片，看了立即能明白牠們的看家本領。

仿效好色兔子的抽送法，最好採行狗爬式體位，女子手腳抵床，趴在前方。男子俯跪在她身後，陽具由後插入陰道。

男子插入後，想像自己的臀部裝了一具馬達，啟動開關，下體立即展開數次猛插。然後停歇幾秒，繼續猛插數次。

若採男上女下體位，也可使出兔子抽送法。保持「陽具快猛抽送數次→休息幾秒」為一回合，不斷循環之。

「素女經」抽送式：

中國房中術書籍最著名的《素女經》，乃黃帝請教素女有關男女交合之道。其中，提到九淺一深抽送法，歷來為許多閨房增添聲色。

九淺一深，正如表面字意，陽具插入陰道內，先淺進九次。女子被陰戶內和緩磨擦的感覺撩起春意，感受到溫柔陶醉。此時，男子的陽具再做深入的一次進擊，將龜頭頂到底，讓她下體忽然受震，心顫神迷。

另一本中國房中術名著《玉房秘訣》，記載「八淺二深」，道理亦跟九淺一深相同。只是次數略做修改，陽具在陰道做八次淺進之後，連續兩次深入頂撞。

不管是九淺一深、八淺二深，都是殊途同歸，在於改變抽送的頻率，使抽送的單純動作變得更帶勁。

「機器人」抽送式：

這一種方式之所以有趣，在於陰莖在陰道中抽送的動作，故意裝得很機械性，而惹起玩樂氣氛。

這可得由男方來扮演機器人，比較像

那麼一回事。舉一個例子，當男方挺著堅挺陰莖進行抽送時，不像平常忽快忽慢隨興所致，而要刻意保持一定的速度。這有點像做體操，喊口令那般：「一二三四」「二二三四」「三二三四」「再來一次」。

所謂「一二三四」，就是把一整根陰莖分成四等分的插入頻率。先插進龜頭，這算是「一」；再挺入一些，到陰莖桿上半段，算是「二」；繼續再挺入一些，到陰莖桿下半段，算是「三」；最後完全挺進，陰莖根部盡沒，算是「四」。

陰莖抽拔出來的過程，也是依照一、二、三、四個階段，剛好與前述反方向而已。

也就是說，男根插入與拔出時，都默數「咚—咚—咚—咚」四個鼓音，故意放慢動作。

這麼做，當然不見得會使陰道內的神經末端變得特別爽快；但頗有點搞笑，很適合用在做愛的前三分之一那個段落，製造氣氛。

若玩興高，還可往下再變出一些花式。

當陰莖插進陰道時，男性喉頭可發出機器手臂在轉動的聲音；同時，男人把陰莖盡沒，頂在所謂女人花心上，屁股開始轉幾個圈圈，當作是在攪拌一鍋蜜汁。

若女方也會過意來，心頭八成在想「他還想得出這花樣？真是夠了！」雖然內心啐道，但也忍不住跟著想玩，給他頂回去。

這樣機械式進行抽送，就是因為很刻意，所以帶著一點滑稽意味，為雙方平常慣性的做愛，增添一股新鮮感。■

021

秀才不出門，能知天下「愛愛事」

以Google大玩挑情

本招祕訣

你們剛才在哪裡做愛？不妨到ijustmadelove.com網站登錄，順便逛逛全世界「到此一爽」的各種方式。兩人閒閒無聊，可在Google Earth尋東覓西，贏者可以要求對方作命令的曖昧舉動，絕對有助私密情趣。

現在有很多人迷上了Google Earth，閒時就點滑鼠周遊世界；但萬一看著找著，忽然望見地面上有一根大陽具，還真會有些錯愕哩。

網路科技發達，只要鑽對了門路，「秀才不出門」在家便可以一對一、一對多視訊網交，也不必出門去看什麼脫衣舞了。

如果你「志願宏大」，不滿足於此，還可利用Google Earth「放眼全球」，找尋在陽台上日曬的天體者，或四處裸露的天體沙灘。

有一個網站「Google Sightseeing」，慎重列出在這個搜尋器裡出現的常客——號稱「全球十大裸體者」。（嘿，想看這份名單？Google一下就找到了！）

但因目標實在太小，時常只見一小團肉色，連修練到「目光如豆」的該網站站長都要猜「這人的裸體是正面或背面？」；有時更糟糕，竟還得猜「這是男或是女？」

可能因目標太小不過癮，也或許想跟愛看Google Earth的閒人開玩笑；居然有好事者徒在草地上坪、空地中、農田裡以劃或以

畫，迸出X級圖案、字形。

想像那個畫面，好像我們有千里眼，坐飛機時往地上瞧，居然看見地面上有人跟我們比中指那樣突兀。

記得那一幕神奇的麥田圈、秘魯的那茲卡線條吧？這些X級作品也一樣，妙就妙在地面上根本瞧不出究竟，一定得在高空俯看，才能看出圖樣。

例如，請Google一下賓州Hazleton，區域內有一處運動場草坪，便被人以除草機墾出一根大陽具。

不僅是圖案，還可追蹤到文字，如蘇格蘭農田的「f**k U」、英國約克夏農田的「ARSE」（屁股）、莫斯科郊區則以俄文寫著「肥老二」……。

還有一個更有名例子，位於英國西伯克郡有一棟價值百萬的大屋子，屋主才斥資大筆經費，整理好了屋頂；卻沒想到18歲的兒子異想天開，在屋頂以白漆畫了一根60尺長陽具。

寶貝兒子以為神不知鬼不覺，搞了一個傑作很暗爽；但終究被警察巡邏直昇機發現，跟屋主報告。這下，老爸老媽真是氣苦，還得花另一筆錢，把那根「無事惹塵埃」的老二擦掉。

現在，出現了類似Google Earth，卻是另一套玩法，可謂當紅炸子雞的網站。它是「ijustmadelove.com」網站，同樣會出現Google全球地圖。使用者先把地圖不斷拉大，大到你家前的那一條街都歷歷在目。

如此大費周章為的是哪一樁呢？這張全球地圖旨在提供各地「凡做過愛等人」誌念之用。它仿效所謂「狗男女」（此為幽默用語，別介意），在該地點留下記號，讓「世人」憑弔。

韓國濟州島之性公園

從天空鳥瞰陽具，還有一根最出師有名的不能錯過，就是位於南韓最南端濟州島（Jeju）的「性公園」（Love Land or Sex Theme）。它是一座空間擺滿人類做愛體位的雕塑公園，當然也包括了一根碩大陽具。

你先在Google Earth上找到濟州位置，再漸漸拉近，一直看到老二形狀為止，宛如挖寶遊戲，倒也樂乎。

繪畫白色老二，好像是人類愛拿來開玩笑的老把戲。只是有人畫在屋頂，也有人嫌觀眾有限，乾脆畫在人跡來往的地方。

比方說，美國奧勒岡州的Forest Grove森林區，不知哪位仁兄在許多根樹幹上以白漆繪畫大老二，非常醒目。有的似嫌單調，居然還在龜頭末端畫著噴出老遠的精液，據報載，警方到現在仍沒逮到這位「強姦樹木」嫌疑犯。

這算是現代人的幽默嗎？還是全球農夫收入減少心情鬱悶，對著老天說髒話？假如真有外太空人，駕著幽浮來造訪地球，現在倒是多了幾處他們可以觀「光」鳥瞰的勝地。

凡做過愛，必留痕跡

使用Google搜尋器還有另一途，便是一邊核對全球天體海灘指南一邊聚焦，越縮越小，越看越清晰，不失一個製造情趣的點

子。

網站提供的打鉤選項十分甜心，例如第一行畫著一張紅沙發，表示在室內進行；旁邊畫著一顆樹，表示在室外野合。

第二行觀念更先進開通了，畫著兩女、兩男、一男一女的三種性傾向組合，任君挑選。

前面兩行都算是序曲，第三行不消說，正式唱主戲了。這是關於體位的挑選，第一式69，第二式男下女上，第三式男由後插入，第四式男站著女口交，第五式男上女下傳教士式。

最下一行還有兩個莞爾問題，第一題畫著一道鎖，問「這是不是第一次？」；第二題畫著一條直筒狀玩意，問「有沒有戴保險套？」兩道題目，紀念意義無窮。

我最近剛看完一份「論文」，其實是一篇短「文」辯「論」得很厲害。兩造針對「ijustmadelove.com」網站現象，分別主張「I have sex with you.」、「I make love to you.」大不同。有人認為性就是性，只是洩慾（have sex）；也有人認為嘿咻可以，但一定要先有愛（make love）。

這篇文章紛紛擾擾，不知吵出結果了沒？「ijustmadelove.com」網站根本不勞思量，別吵別吵，立即奉送給你答案，「我們覺得就是做愛啦」。

好，你這下滿意了，請登上網站，告訴大家「你們剛才在哪裡做愛？」而且打那幾項鉤，都要鉤得詳細喔。

結論呢，在大西洋上空，也就是回返歐美之間的海洋上，在機艙做愛的人比我們原想得多很多。

輸人不輸陣，以後但凡你們在哪裡做愛，包括在台灣或出國旅遊，都上去「ijustmadelove.com」網站登錄一下，好像「我們的愛犬」不也喜歡以撒泡尿來宣示地盤嗎？我們人類也該有宣誓「到此一爽」的方法。

比賽尋寶：特殊符號

兩人閒閒無聊，不妨到Google Earth上尋東覓西掏樂子。情侶或夫妻如果各有一台電腦，一聲喊開始，看誰先在Google Earth找到目標物，誰便贏了，可以要求對方作命令的曖昧舉動，這絕對有助私密情趣。

舉幾個例，這場比賽遊戲可尋找的趣味性目標，清單如下：

1. 克羅埃西亞（Croatian）外海，有一個形狀類似一顆心的小島。

2. 義大利滑雪勝地普拉托內沃索（Prata Nevoso）地面上，有一隻巨大的粉紅色兔子。據說，由一群維也納藝術家完成。

3. 加拿大安大略（Ontario）省內，有許多小湖泊，找出哪一座湖形狀像一顆心？

4. 美國佛羅里達州的歐卡拉市（Ocala）有一條長長的私人飛機跑道，是影星約翰·屈伏塔起降私人波音707自用，跑道就鋪蓋在他的住家旁；仔細瞧，還可看見屋前停著一架飛機。

5. 在「世界最知名前五大天體海灘」，看誰最先找到裸體的人？

· 西班牙卡瓦萊特（Cavallet）伊維薩（Ibiza）海灘

· 澳洲柏斯市天鵝溪（Swanbourne）海灘

· 美國威斯康州辛Mazo海灘（位於Sauk市與Mazomanie市之間）

· 美國加州舊金山貝克（Baker）海灘

· 墨西哥圖蘭（Tulum）海灘■

022

玩3P不是夢？

兩男一女vs兩女一男

本招祕訣

3P通常多由男生提出，開始進行溝通，最後取得女生同意。因此，男生想要享齊人之福，最大關鍵是務必謹守「3P定律」，並且把握「在事前做好功課」、「在進行中做對事情」。

跟兩個女人同時玩3P，在男人性幻想中名列前茅。

美國HBO頻道有一個火辣節目「Real Sex」，以紀錄片方式報導全美各地正在進行的熱門性事，十分受歡迎。關於玩3P的主題，它就曾做過多次的真人實況報導。

「Real Sex」內容並非請演員做戲，而是尋找真人實際發生的個案，例如叫人眼界大開的各類性愛俱樂部、性愛夫妻補習班、激情烹飪等，都開門見山，讓觀眾過足了偷窺人家私生活的癮。

其中有一集嚴格講，雖非真正3P，但幾乎算是了，非常有意思。

那集「Real Sex」介紹一款情趣娃娃新品，與時下那種吹氣的塑膠假人完全兩樣，全身用媲美柔軟皮膚的高級矽膠製造，每一根睫毛、頭髮，包括陰毛都費盡功夫，以真人的毛髮植入。至於乳房、私處的真實度，更叫人驚嘆。

當然這款像極了真人的美女情趣娃娃價值不菲，但有錢人訂單可下不完。那集的鏡頭拉到一對年輕夫婦閨房中，老婆訂做了一個送老公當禮物，還下場陪他玩起3P。

這位老婆為情趣娃娃擺pose，以各種姿勢迎合老公的慾望攻勢。由於情趣娃娃太像真人，當鏡頭裡三個「人」打成火熱時，簡直難辨真假。

最後，老婆勁爆地說，這款情趣娃娃真實得讓她有玩多P的樂子，又不必擔心會被搶走老公；她還可試著嚐鮮，與女娃娃玩一玩蕾絲邊性愛，真是一舉多得！

除非是單身，不然要玩3P，就得安撫、說服太座或女友，這便是玩3P的最大挑戰。

安撫、說服太座或女友，聽起來像是不可能的任務；但根據調查，網路資訊越來越開放，視野漸漸擴大，人心起了變化，以前嗤之以鼻的，現在有些人都可能嚐鮮看看，其中包括3P。

如果這一場3P遊戲下來，她感到「三人行必有我『濕』」，那就成功了。在我的個案中，有一名男性說服很久，讓老婆點頭玩兩女一男，於是上酒店物色到人選。幾次之後，被動的老婆反過來要求三人行歡，但這一回她指定要兩男一女！

按摩業，是一個很特別的行業，到府服務，許多按摩師做純按摩；不過，我還是挖出了一些「服務項目不太純粹」的師傅，跟我分享他們在職場上的3P經歷。

由於我寫作時間長，頭頸易僵硬，因而固定叫按摩服務，將身體2266的地方捏緊一點，免得散掉。

我叫的男按摩師傅什麼風格都有，有的不吭聲，好像兩人進入冥想狀態；有的一副專家口吻，批評我脊椎歪啦、肩膀垮啦、骨盤不對位啦（好像可以當場當廢鐵報銷）；有的挺愛跟客人聊，有問必答。

第三種師傅我最喜歡，因為我念性學，正好透過他的客戶經驗市調一下。我常是這樣開場：「那你接過夫妻檔囉？」

這時師傅會得意地承認：「對啊。」聽起來好像榮民伯伯向菜鳥說他打過八二三砲戰那麼驕傲。

「那你都怎麼服務？是作夫？還是作妻？」

「多是妻啦，都嘛是要我先『暖車』。」

「『暖車』？你還得當司機呀。」我故意裝笨一點。

「唉唷，就是先生叫我先跟他老婆搞，弄得她慾望起來後，先生才爬上去接棒。」

哈，「接棒」這詞真是妙，一語雙關。

「接著你就站在旁邊當路人甲看嗎？」

「沒有，我還是一旁幫老婆摸這摸那，繼續幫忙『發車』。」聽這位師傅的用詞，以前八成是作黑手的。

「老公呢？他們通常都做些什麼？」我單刀直入地問。

「有的會要我幫他在背後推一推，有的也會摸我幾把，大概是雙性吧。還有的從頭只看我跟他老婆做，他就坐在一旁打手槍。」

聽我裝成豔羨的追問，師傅樂得和盤托出。他說，有些一看就是情婦關係，約在高級motel。有些真是夫妻檔，約在關了燈的家裡，從年輕到老年都有。老婆起先都很歹勢，在先生催促下半推半就，但最後抓著師傅不放的也是同一位老婆。

師傅下結論，「夫妻檔客戶還不少喔，你不要看路上走的普通夫妻，我的客戶都長那樣，搞3P的人根本臉上沒貼字，從外表瞧不出，可能就是你家隔壁的阿桑。」

我問過起碼十位師傅，跟我提到接夫妻檔的故事，大抵如此，台灣尤某關起門來所做的事，也許比一般人想像的還勁爆。

從一些網站調查，以及我閱讀、接觸的個案，3P通常都是男生提出的點子，開始進行溝通，最後取得女生同意。

於是，我在此較傾向男生應該努力的方向。想要享齊人之福，最大關鍵是謹守「3P定律」，並且把握「在事前做好功課」、「在進行中做對事情」。

遵守「3P定律」

所謂「3P定律」，分述如下：

第1條，先租一些題材裡有3P浪漫的愛情喜劇，如「神魂顛倒三人行」；但避免是真實A片，一下子要她大躍進到看兩女一男的A片，排斥心易油然而生。或者，找一找國外有關三人行的言情小說讓她閱讀，讓三人行也變

成她的幻想。

第2條，在前戲時，使用性器官造型的假陽具、按摩棒，有充氣娃娃更好，假裝是第三者，讓她習慣床上若真多一人是何滋味？

第3條，事先確認她的底線，如不能與第3P有交媾行為，有的連口交也不行，只能親親摸摸，一旦清楚警戒線就不會犯規舉旗。

第4條，必須再三保證這是你們倆在性慾上更登一層樓，純粹想經驗更多性愉悅，而不涉及跟第三者的感情關係。如果有必要，可以承諾「僅此一次，下不為例」。

第5條，等到真戲上場，你要讓她相信「她是才這齣戲的擔綱女主角」，別對額外的那1P給予太多注意力，也別只顧著自己享樂。自私與對旁人偏心，是3P的致命傷。

第6條，事後一定要誠懇地對她感激，強調你對她的珍視與愛。

第7條，討論過程裡她有何不悅之處，如果有機會願意重來一次，她希望你在哪方面能有不同作法？

在目前的社會觀念中，真正能取得伴侶同意，而玩到3P的人數，應該不會太多。

如果你看準了沒有希望，還是有最陽春的3P玩法。這就簡單多了，跟伴侶辦事時，腦子裡幻想心儀的偶像。

男生可以這麼做，女生當然也可以這麼做，哪個男明星、男性名人、生活中遇見的男人，使妳感覺「喔，這個我可以」，那邀請他進入妳的腦子，跟你們3P吧。■

023

腳丫子冷，
炒飯也冷

活化做愛的小撇「步」

本招祕訣

如果想增進性慾，以及做愛時更容易達到高潮，就必須保持腳的溫度。多泡腳之外，男性平時在家，切記把腳從沙發上放下來，才可對她的主動親密立即採取行動。偶爾玩玩足交，增添閨房之樂。

你跟你的阿娜達在一年之間，做愛超過10次嗎？如果沒有，專家說這就屬於「sexless」（無性）婚姻，或叫「sexless」關係。

這個標準讓不少人倒抽一口涼氣，本來以為一年「湊合」出幾次，就算耍賴過去，不會被貼上所謂「無性關係」或「無性婚姻」這種光聽就感覺難堪的名詞標籤。

尤其對許多長期夫妻，一整年能拼到10次的業績，已經很衝啦，現在專家居然說：10次以下都不算「有維持sex關係」，起碼要在10次以上！

現在，這種無性趨勢越來越嚴重，因為經濟不景氣、工作壓力、憂鬱症等冷空氣罩頂，好幾個冷氣團交鋒下，難怪許多主臥房裡的雙人床都淪陷了，熱度遽降。

全球一切都在暖化，唯獨閨房暖不太起來。

憂鬱症確實是一道很強的冷鋒面，前陣子一位朋友向我抱怨，他現在正服用抗憂鬱藥物，慾望低到不行，他都不敢看老婆失望的眼神。

憂鬱症除了本身可能失去「性」致外，服用藥物也會使性元氣更低落。因有些抗憂鬱劑副作用包括降低性慾，如Zoloft；有些則

無，如Wellbutrin。

聽起來他的憂鬱症情況不算嚴重，我提議他先跟精神科醫師諮商，討論換藥的可能。然後給了他兩個最簡單的建議，不僅輕微憂鬱症適用，一般男性也都能受惠。

第一，買瓶男性專用綜合維他命，外加鋅的那一種，每日服用。

第二，買一台泡腳機，各賣場都有，價格又不貴，有空就泡泡。

在解釋為何「泡腳」能助長行房享受之前，先來看一段參考新聞。最近，英國一項長達九年的研究結論出爐，全球暖化危機竟作了一件好事，改善灰海豹的性生活。

由於暖化效應，氣溫升高，降雨減少，灰海豹棲息之處的水窪縮小，母海豹必須比以前多爬好幾步路，才能喝到水。

這麼一來，母海豹離開「一夫多妻制」的公海豹管轄區域，擺脫了易吃醋的老公，因此有機會跟其他公海豹交媾，而使性生活豐富，近親繁殖的基因也有了改良。

母海豹用「腳」改善了自己的性生活，其實你或許有所不知，人類也能夠這麼好福氣，一樣可以用「腳」來提高做愛品質。

功法祕術

話說回到前述我的建議：用熱水泡泡腳！為何行歡前先泡個腳有所助益呢？因為腳冷，那碼子事也會跟著冷，體溫不及於足部的人，通常下體也都涼颼颼。

你聽過英語「cold feet」這句俚語吧，意指失去勇氣或熱情，最常用在「臨到上場前，感到擔憂害怕」，即「怯場」，像落跑新郎或新娘，就是典型的「冷腳丫子」。

「cold feet」是一個用來比喻的詞彙，但現在，我們要完全照著字面解釋。如果想要增進性慾，以及做愛時想更容易達到高潮，就必須避免「cold feet」（冷腳），要保持腳的溫度。這可不是隨便說說，確有科學證據。

荷蘭科學家葛特・荷斯提基（Gert Holstege）以電子放射斷層攝影機，掃瞄

十三對異性戀伴侶，研究結果顯示，當受測者穿上襪子，腳溫提高後，達到高潮比率有八成。

然而，當他們光著腳丫子，在實驗室偏低氣溫下，腳部溫度也跟著下降，達到高潮比率就下降到五成。

提高腳的溫度

以上實驗揭露了在做愛時，「維持腳的溫度」扮演樞紐角色。

幸好這件事一點也不難，有幾條途徑：

1. 最好的方式，平時便應多多保養，購買泡腳機這種小投資，絕對值得。
2. 在做愛前，特地去浴缸放水，把雙腳泡熱，這種「臨時抱佛腳」也會有效。
3. 做愛前，穿上厚一點的襪子，使腳保溫。

放下腳，救房事

泡個腳這麼簡單的事，就能提高做愛意願與高潮強度啊。那不禁要問：「生活中，是不是還有什麼類似可以善用的小動作」？

當然有，同樣跟腳有關，甚至動作還更簡單，就是：把腳從沙發上放下來！

先來介紹一則例子，我的一位女性友人生產復原後，不僅原先性慾回來了，還在增大中。

但她老公的性慾不增反退，動不動就躺在沙發上，看電視或逗著不到一歲的女兒。她明示暗示都做了，老公的反應總慢半拍。

她的悶，老公也不是全無察覺，甚至幾番表示有意配合，無奈似乎總力不從心。

我建議她跟老公約法三章，很簡單：「回家後腳不得擱在沙發上」。結果，他們的性生活真的改善了。

這一招看似與房事毫無干係，但其中大有學問。因她老公習慣性地把腳擱上沙發，意味著他一回家多半躺著，對她的一些挑逗就永遠慢半拍。

但當他的腳不得不擺在地面時，表示他是坐著，對她的主動親密便可立即採取行動，不像之前「那一雙休息的腳」必須先從沙發放下來，再坐起身回應她，已經多了幾秒鐘。

光這幾秒鐘的延擱，就足已使他的興致退潮，容易順應心頭的懶勁，繼續躺回去。

挽救房事，從「放下腳」的這一步做起，

挺管用。

用腳打手槍

以上活化做愛補強之道都跟腳有關，簡單易作，真是名符其實的小撇「步」。除此之外，腳還有一項對性的大貢獻，就是第三招——足交。

這個花樣是看日本A片所學，可見懂得善用，A片裡還是有不少處可以取經。

1. 男生正面仰躺，雙腿打開。

2. 女生先以打手槍方式，用手搓打，直到陽具勃起挺立。

3. 這時，女生以面朝男生頭部的方向，坐在他雙腿之間。

4. 坐定後，女生將雙手往後伸，抵著床，撐住身體。

5. 接著，女生抬起雙腿，以兩個腳心夾住那根勃起的陽具。

6. 為了增加摩擦快感，在腳底心塗上潤滑液。

7. 保持腳底心夾住陽具，女生開始以自身的腿力，一上一下，用腳代手，幫他打手槍。

在那部A片裡，接受足交款待的男演員，最後有射精。不過，在現實操作下，可能很多男生會覺得足交力道不太夠，無法達到射精強度。

沒關係，偶爾玩玩足交，只是變點花樣，增添閨房之樂。腳心形成獨特角度，讓陰莖插磨時，有異樣快感。

而且，這種姿勢讓女人雙腿變成「〈 〉」這種形狀，陰部會擴張如花心吐蕊，更添情色視覺。

還有，暢銷八百萬冊的《性愛聖經》，說男人可使出一記殺手鐧，善用腳的大拇指插入陰道內磨蹭，保證雙方會為此新鮮奇招而快活。■

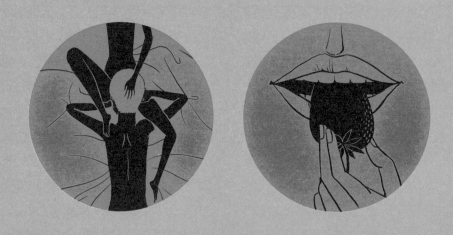

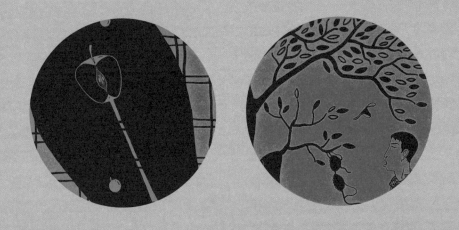

人法
兩爽
人

024

全身濕了，
真的很鹹濕

「落湯雞」vs「紅荔枝」

本招祕訣

把T恤潑濕、噴濕，甚至舔濕，高竿的話還以射精弄濕，使衣服下的重點部位浮現，絕對養眼。男女生手法略有不同，女生可以一邊兒抵抗，一邊兒故意裸露；男生可以讓陰毛、陰莖、陰囊從濕衣下逐一浮現。

「鹹濕」一詞，甚為傳神；對一些人來說，「濕」字尤其深到骨子裡去。在性愛對話中，「妳濕了嗎？」「人家濕了耶」都會帶來無限撩人威力。

男女朋友幽會時，面對著面，故意把嘴巴舔濕或沾濕，只要雙唇上一帶著水潤般的濕，就充滿了性暗示。

所以，不管是聽見或看見「濕」，都會感到很鹹濕。

除了視覺與聽覺的傳遞，就實質的性愛功能而言，濕，也的確跟我們的關係緊密相連。譬如，女生漸生快感後，陰道內壁會開始潮濕；男生快達高潮時，馬眼也多半會先滲出濕黏的前列腺液。

所以，男女在營造更刺激的性樂子時，絕對要善用「濕」字訣。

男生面對女體濕透了畫面，毫無招架之力。許多男人都愛看女人穿濕淋淋T恤，完全貼身，肌膚透出；如果未穿胸罩，乳房與奶頭就會緊貼浸濕的那一層布，視覺誘人，恐怕比完全沒穿，更叫男人噴鼻血。

跟皮膚比，乳暈與奶頭的顏色較暗，僅隔一面濕漉漉白T恤，欲遮卻遮不住，女生無

論怎樣吸氣縮胸，乳暈與奶頭就是原形畢露地頂在那兒，羞答答，色相更誘眼。

鮮紅或偏暗紅的奶頭，藏在水淋淋的白布料裡，看起來就像兩粒成熟的豐滿荔枝（以台語叫「奶吱」更傳神），肉多汁美，使男人垂涎不已。

每年三、四月，全美各大學放春節（spring break），全體放牛吃草。有人形容「繁殖季」，有人比喻「暴露秀」，來自各地的青年男女似乎只有一個目的：一年一度嘛，姑娘、少爺瘋一瘋，留下一輩子回憶！

規模浩大的春節成了變身舞會，「女孩變野狼」、「男孩變野獸」戲碼每年都上演，有的「合力誘捕雄性動物」，有的「處女膜出草大狩獵」，多年來已成為年輕學子間的奧運。誰沒帶點戰利品回校園交代的人，就是遜腳！

春假性派對，果真道地的「春」意盎然。派對上有一種儀式，叫做「瘋狂女郎」（Girls Gone Wild），邀請略具姿色與身材的女學生在鏡頭前寬衣解帶，跳一段單人秀，透過網路發行，「乍紅十五分鐘」。她們脫胸罩、脫內褲，露臀部、露私處，甚至做兩女間的曖昧動作。

你以為是在看A片？才不咧，這是校園才「慾」小姐選拔。後來也有了「瘋狂男郎」（Guys Gone Wild）版問世，討好另一塊市場。

30%的女學生受訪，表示陽光與酒類是她們想來此一遊的動機，為大學歲月留下光鮮一頁。

在美國，漸漸地隨著這股放假潮，興起一個很熱門的濕T恤活動，遠近馳名。在佛羅里達州Panama、Cancun海灘，每年春假舉辦的大學生狂歡派對，重頭戲由女生自願「領銜主演」，登上舞台，在眾目睽睽下大跳豔舞。

現場最叫座的是「濕透T恤比賽」，參賽者只能穿一件白色T恤，裡頭沒有內衣或泳衣，然後被一群男生潑水，直到那件貼緊的白T恤濕漉漉，在幾乎透明的纖維下，雙峰已無處可藏。

爽法祕術

或許不該說人在犯賤，而是人的眼睛喜歡有挑戰性，全露給你看，確實比不上時隱時現的露，更能讓你背脊發麻。

把T恤潑濕、噴濕，甚至舔濕，高竿的話還以射精弄濕，使衣服下的重點部位浮現，絕對養眼；同時又有「嘿嘿，給我挖到寶」的欣喜感。

強烈建議，濕T恤遊戲不玩可惜，因它既簡單，回饋又豐富。

男女生都能被「濕」掉，手法略有不同。

女生部分：一邊兒抵抗，一邊兒故意裸露

女生先去選購一件適合的白色T恤，質料越薄越好。穿在身上，底下胸罩暫時解除勞務，一邊涼快。

浴室，是玩濕T恤的最佳場所。女生、男生都可一起站入浴缸，或女生單獨跨進去，不管是站或坐皆可，男生則相對地或站或蹲在浴缸外。

他拿起蓮蓬頭，朝她上半身T恤噴水，噴到整件都濕透了，乳房、乳頭、乳暈如水墨畫在宣紙上渲開來，豔色照人。

為了增加雙方情趣，可假裝「男情」「女不願」：男生拚命像玩水槍般撒水，女生卻以雙手抵擋在胸口，企圖避免被水噴濕。

另外，還可加入一點打情罵俏的音效，如女生尖叫、嬌嗔、扭扭藏藏；男生語帶故意式威脅、節節進逼。

過程中，最具情色鹹濕味，當然是那一件T恤。

他兩眼需緊盯著瞧，注視她那件白色T恤如何由乾爽變得濺滿水珠，再變成半濕，然後全濕，而且濕得水珠滾落，滴滴答答。

女生玩這遊戲，最好要帶點「小小使壞的心眼」：姑娘我一邊裝得不濕透乳房給你看，另一邊又故意裝成防不勝防地，讓濕了的部位向你「錢財露白」。我在一面遮掩之際，讓你以為偷看「賺到了」。

以蓮蓬頭噴濕，速度較慢；好處是可慢慢看到想看的重點，屬於漸入佳境型。有人喜愛這樣循序漸進的方式，卻也有人喜歡一下公布答案的快感，所以可改用小水桶或水杓，從一旁已先盛滿水的洗臉台，撈水潑在她身上，不一會兒功夫，T恤已全濕了。

有些男人也喜歡看下半身濕透透，同樣的方式，她就換穿一條淺色內褲，被水噴濕，使陰毛與陰戶穴口隱約露餡。

若想要有大濕特濕的效果，自然得在浴缸比較方便，但也未必都不能把這一套帶上床。

例如，女生先在浴室內，脫下胸罩，穿上一件白T恤，自行把乳暈與奶頭附近沾濕；或穿著貼身棉內褲，把陰戶附近沾濕，重點部位若隱若現，然後走進臥房。

進入臥房後，不要讓男生摸到，引誘他只可遠觀不可褻玩。她還可進一步刻意挺起胸，下體前突，使沾濕處更加分明，活該他雙眼冒火。

男生部分：陰毛、陰莖、陰囊逐一浮現，好景揭幕

濕透了的白T恤，不是女生權利而已，男生穿了也一樣有視覺效應。

這有兩種作法，第一、兩人都站進浴缸裡，或一在浴缸內，一在浴缸外；互搶蓮蓬頭，比賽誰先把誰噴濕。

第二、一起穿T恤泡在浴缸裡，為彼此潑水，看著對方上衣逐漸被水浸濕。男生從濕T恤裡，露出胸肌與兩粒紫黑葡萄般的小奶頭，也是挺可口唷。

雙方靜靜坐在浴缸內泡水，有一種慢慢享用的放鬆感。搶蓮蓬頭，玩水仗則另有一股刺激勁。

搶武器的中途，可以盡量叫嚷，譬如：「啊唷，你真的噴我？」「噴你又怎樣？你反擊啊！」之類的對話，頗能減低尷尬，自然順其勢，溶在遊戲中。

留意！視覺帶來每一幕養眼

如果把女生濕T恤內的奶頭，比喻成兩粒鮮果荔枝，那男生白內褲裡被水浸濕了，也大有玄機，好比垂掛著一包「落湯雞」。

男生可裸著上身，僅穿一條白色內褲，站進浴缸中，被她以蓮蓬頭噴濕內褲。她會

先看見一蓬黑黑的陰毛透出，然後一條棒狀物，以及兩粒球狀物，好景慢慢浮現。

她也可以要他轉身，把臀部全噴濕，當那兩片肉團貼在黏性強而透肉的布料上，這是男人很性感的一刻。

幫男生燉一燉胯下那一鍋落湯雞吧，多嚐幾口，對眼睛很滋補呢。■

025

給你一點「顏射」瞧瞧

射精在臉上真火辣

本招祕訣

玩顏射，率先必須卸下心防。當其中一方還不很願意時，就不必勉強。男人得體貼一點，將目標集中在臉頰，範圍可涵蓋鼻頭、耳朵、下巴；但需避開眼睛、頭髮；若對方不喜歡，也該避免射到嘴唇。

「顏射新聞女主播」？噴，光是聽到這個片名，連我這個性學家都險些掉落眼鏡。

平常我們說「變態」二字是罵人，但對日本A片工業反而是讚美，因為這支民族在sex方面異想天開，花招百出，就是不想要你覺得「常態」或「舊態」，非要你驚呼「變態」，卻又忍不住愛看！

譬如，第一線男優南佳也主演「現場評判」，與女優躺在地上進行前戲、做愛，最後以射精終結。後方坐著一排彷彿「American Idol」的三位評審（一男二女），探頭探腦看他們怎麼搞，一邊指指點點，還要對姿勢、技巧做出評論。

連這檔子事都可以當成奧運溜冰雙人組一樣，讓裁判拿著放大鏡評頭論足，令人大開眼界。

這還不夠看？那瞧瞧下一部片子，有數位穿著學生制服、內褲已褪下的女孩坐在地上，分別有男人蹲坐在背後，拉住她們打開的雙腿，往後抬高，臀部下鋪著一塊黑紙板；然後工作人員把一些白粉塞入女孩肛門內，一聲令下，女孩們競相放屁，噴出白粉。

喔，你總算恍然大悟黑紙板是幹啥？原來這樣才容易看清誰噴得遠？噴得多？那人便是贏家。

日本A片最愛「顏射」這個舉動，所謂「顏射」指男人在性伴侶臉上射精。日本A片圈還專為「顏射」主題創造一系列影片，如「顏射新聞女主播」、「顏射迴轉壽司」等。

顏射系列以「顏射新聞女主播」最麻辣，也真虧日本人想得出來這個職業別，果然效果凸顯，益添鹹濕。

女優假扮女主播，剛開始時一臉正色，專業地播報新聞。沒念多久稿子，就有一名男子匆匆走過來。她雖繼續報新聞，但略微偏一下臉，讓那握著陽具正搓得急切的男子，噴了她一臉豆花。

接著，在她播報新聞中，不斷有男子前來，對著她顏射，豆花臉快變成鐘乳石臉。

那些男人都穿著襯衫，裝扮成工程人員、控制室人員，還頭戴麥克風，看起來十足是一批攝影棚裡忙碌的男性上班族。

日本A片界選此題材，不知該說天才或鬼才，因為一般顏射在A片裡看多了，已不足為奇。但女優搖身一變為女主播，正襟危坐，唸唸有詞；正當觀眾覺得跟看一般新聞播報沒兩樣時，忽然有男人跑來射了她一臉精液，錯愕之餘，實在夠煽情。

趁著女主播正在播報新聞，一批男員工等候在攝影機後方，忙著打手槍，打到快高潮了，逐個衝到主播台旁，賞女主播靚臉一頓熱豆漿。絡繹不絕的打槍手，女主播捧「臉」以待，整間新聞攝影棚竟成了「顏射大總部」。

女主播或女人倒不必太在意，覺得這樣被顏射是受辱。反觀日本的男同志A片裡，照樣有顏射，且射在男人臉上；並常把警察、醫師等男性權威人物剝光了，當作玩物調戲。

日本人的性幻想無奇不有，是很「變態」；但不可否認，也很天馬行空，充滿驚喜。「條直」的台灣人在性幻想裡，以日本A片作借鏡，或許有助自得其樂。

爽法祕術

時代真的不同了，以前說「射到臉上」，意思雖然明白但不怎麼文雅。現在改稱「顏射」，文字具有魔力，竟因此使「在臉上射精」這個舉動變得帶點時髦味、趨勢味。

不過，「顏射」絕非射精在哪一處落點的問題，有不少該注意項目。然而，一旦玩得好，確實有妙趣。

要玩到「面子」，先想通「腦子」

玩顏射，率先要做的是卸下心防。當其中一方，對顏射還不很願意時，就不必勉強。

雙方需抱著「這是一場遊戲，能夠促進閨房情趣」的心理，平等地玩，並非射精者有意貶抑被顏射者。這麼一想，就不會把顏射當成「面子受辱」。在雙方有共識下，這一招玩起來才有意思。

那你也許會問，好端端地幹嘛要玩起顏射呢？會不會太侮辱人呢？

以下的解釋，希望能讓你明白箇中巧妙；若懂了道理，接受顏射遊戲的可能性就大為提高。

主動者的樂子

對顏射的男人而言，這種玩法的趣味在於「刺激」。因為潛在意識裡，每個人都知曉「臉部，是一個人的門面」，有其莊嚴性，如果能把男性象徵的精液射在其上，極類似「觸犯禁忌」。

就像大人對調皮的小男孩說，不准踏入那條線以內一步。不規定他還沒興趣，一規定他便蠢蠢欲動，趁大人不注意時，偷踩在線內一下，心頭也爽。

男人的顏射舉動也近乎此，是心中那個頑皮小男孩沒長大，非要在性愛中玩點小犯規，才能得意。

被動者的樂子

對承受顏射者來說，這種玩法的趣味在於

「等待刺激降臨」。

想像一下，當戲耍時，假若你被人以水槍對準臉，聽到「我要噴你水喔」的威脅，臉部神經是否開始緊繃？

這是一種既緊張又期待的搔癢感，心中納悶「水槍將噴在我臉的哪裡」，等著答案揭曉。

就生理上，被顏射者會感覺一股熱流噴在臉上，神經立即微微抽搐，興起刺激感。

兩條途徑任君選

顏射，區分為兩種動作。

第一種，採取正常性交方式，等到男人感覺快達到高潮時，緊忙將陽具抽出陰道，轉移位置，對準她的臉射精。

第二種，採取口交或打手槍方式，男人到了瀕臨高潮，趕緊對著她的臉射精。這時，也很可能女方正手握著陰莖，一見狀，把自己的臉湊上去，讓精液噴在臉上。

兩種途徑，主動、被動各有樂趣，不妨都試試看。

盡量命中紅靶

除非雙方都同意，否則顏射不能太忘我，當自己真的在演A片，隨便噴得對方滿臉落湯雞。

人們可能願意玩一玩顏射遊戲，但通常都有底線。例如被顏射者大多不喜歡濺到眼睛（澀澀不舒服）、被噴到頭髮（黏黏難以善後）。所以，男人得體貼一點，對準靶心，目標集中在臉頰，範圍可涵蓋鼻頭、耳朵、下巴；但需避開眼睛、頭髮，有人或許也不喜歡被噴到嘴唇，怕含進口裡，那也該避免射到嘴唇。

想要噴得準，竅門在於快射精時把龜頭壓低一些，儘量接近臉部，落點才不易偏斜。

被顏射者判斷對方即將射精時，把眼睛閉上，以免濺入。如不喜歡含到精液，也把嘴巴抿緊，免得流入。

加花樣的色情玩法

1. 男人若採取打手槍方式，抓著陰莖根部，用那話兒當一把槌子似地，輕輕敲打對方的臉調情。

2. 男人射精在對方臉上後，手握陰莖，讓龜頭混合著精液，滑滑地在臉部繞圓圈，產生摩擦樂趣。■

026

躺著被口愛
最銷魂

新口交遊戲規則

本招祕訣

遵守「新口交遊戲規則」：這次你徹底享受，由我口技侍候。下次換成你口交，讓我徹底享受。在口愛前，先為對方全身按摩，導引全身放鬆。改善口愛品質，平常可多啃芭樂、蘋果、玉米。

許博士：

很冒昧，第一次寫信就跟你請教這麼直接的事。我和老婆婚後不到三年，性生活向來都沒嫌過。

以前只要誰先發動口交，另一方絕對配合，轉過身子，成為「69」姿勢，像兩輛金龜車在口交。

但後來事情並不順利，我的老二總是被吹到硬了，漸漸又在她嘴裡軟掉。必須繼續由她口交一陣，才能二度勃起。但不做69時，我下面能夠一路直挺挺，唯獨口交就失常。她認為是自己口技不好，相當沮喪，下次連我想為她口交，都藉故跳過去。

到底，我有哪裡不正常嗎？能不能找回彼此口交的愉悅呢？

這位寫信的男士，代表很多男人反應了重要問題，因為跟他一樣困擾的人不在少數，而我要向這些男人說：你們都錯了！

一般人有個似是而非的觀念，認定口交最棒體位是「69」，你口中有我，我口中有你，還有什麼比這姿勢更親密呢？

以上這段純屬理論，同時為對方口交，自

己既是攻，也是受，照理講應該爽歪歪。

但實際卻不是這麼一回事，理由很簡單，男人幫對方口交，同時又享受被口交；問題來了，他的血液到底該如何分配？一是給予，一是付出的兩股快感，逐漸在體內遇合，偏不是合流，而是彼此沖銷。

「69」聽來確很吸引人，卻不實際。以公平為原則，你既幫我吸了，我也要投桃報李。但弄到兩人都分心，誰也沒真正全然享受到口福。何苦貪圖這種形式上的平等呢？

根據調查顯示，在經濟不景氣中，口愛（口交）有增加趨勢。因大家是肉體之軀，仍舊需要性慾滋養；卻因打拚賺錢，沒多餘精力搞全套，索性半套湊合湊合。

我在此提出一套折衷方案：用口愛取代愛愛，而且必須符合「新口交遊戲規則」，才能創造口愛的雙方最大利益。

非常時期要有非常作法，我稱為「躺著當樂器，一次一人爽」，被吸者那晚全程被服務到底，不需回報。為了公平起見，你得跟伴侶商量：一樣採取輪流制，但執行時間要調整。例如，今晚一人從頭到尾為對方服務，明天以後選一日再輪調，角色互換。

總之，當天別輪調，否則自己被吹完，換手又去幫對方吹，那剛才的爽勁便被勞動力抵銷了。簡言之，「新口交遊戲規則」就是：今天你徹徹底底享受，由我口技侍候。等到明天或下次，換成你口交，讓我徹徹底底享受。

這樣轉換是因今昔不能比了，以往金融氣勢旺的年代，大家普遍有錢，橫著走路。小倆口也一樣精力飽滿，你為我口交，我為你口愛，似乎力氣用不完。大環境與小環境，都使人有朝氣。

但現在時局變了，財富大為縮水，錢越來越薄，工作量比以前任何一個年代都重。當先生或老婆、情人們拖著疲累身子回家，上床去，還要被69折騰，難保不會應付了事。

那何不就面對現實，考慮實際效用，把口交切成對半，每次都由一人獨自享用。放開來，什麼都不去管，100%浸泡其中。

爽法祕術

你累了嗎？從前的活力飲料都這樣打廣告，表示喝過他們家的補品，又是蠻牛一條。

廣告不免口氣誇張，但現在越來越像實情了，人們回家後，被伴侶問的次數增多：「你累了嗎？」

當你點點頭，伴侶可以為你做的事，除了放熱水洗澡、端一杯水喝、掐幾下肩膀，更振衰起弊的一招是「等你喝完水、洗過澡」，全身內外皆放鬆後，你好好躺著，專心一志享受伴侶為你口愛。

揭開浪漫序幕

在口愛前，先為對方全身按摩，消除白日疲勞，準備迎接性能量即將灌注下來。

按摩力道不需重，因不是真要你做筋絡推拿，而是以手掌撫遍他的背部，輕輕柔柔，偶爾手指如行雲流水，在他的肌膚上滑走，導引他全身放鬆。

多做嘴巴筋絡運動

讀者常就教如何改善口愛品質？很多人係因嘴巴酸，下顎骨發麻，半途而「停」。我建議平常多啃芭樂、蘋果、玉米，習慣張大嘴型，拉開下顎，使臉部下半關節與神經鬆軟。

口愛時施展的吸功也很重要，吃番茄最好。先咬一小口後，猛吸番茄果肉入腹，芒果、西瓜效果也不錯。

在我之前出版的《口愛》一書，列出許多口交技巧如：包水餃、浸茶包、磨砂紙、擠蜜糖、挖香瓜等數十招，可見口愛是一門大學問，不少技術管用得很。可惜有些人仍太低估口交技巧與樂趣，那口交當然也不必回饋你。

被口交者唯一該做的事

通常，一個人享受口交時，心不在焉。

不是指他一邊被人口交，一邊還在看棒球轉播。因為一跟人上床，總得有來有往，注意該給對方什麼：舔耳根？撫臉蛋？吻嘴唇？吸奶頭？

即使是對方賣力在口交，他總要分點心，去摸頭或頭髮，捏這捏那，表示他有兼顧對方感受，不是自私傢伙，只自顧享福。

根據「新口交遊戲規則」，這位被口交者別被舊規則綁死，真的啥事不掛心，沒有一絲責任要回報誰，唯一該做的是「呼，好舒服」！因依據遊戲規則，這個人今天享受到底，下次必須回報，故不需內疚。

如果女生不愛為他口交

來到我的「口愛工作坊」上課，女生普遍不愛為男生口交，原因是「不喜歡」、「嘴巴酸」。針對後者我的課堂有法寶傳授，在此不表。

至於「我不喜歡」，多半是女生沒把那話兒「蔬果化」，我教她們以觀想法，把龜頭想像成她們愛吃的某種水果，像剝了皮的荔枝，水水QQ，除了甘甜，果肉厚實又多汁，令舌頭反彈。以後吞他的龜頭時，就回想吃荔枝的美味。

桑椹、葡萄、香蕉、金莎巧克力、泡芙等類似物，一樣依個人口味有效。

如「將進未進，最屌」那篇所述，把龜頭想成滷得香Q的大磨菇頭，也很有幫助。

男人龜頭外型以磨菇頭居多，四周微翹的那一圈，叫陰莖冠狀。連結馬眼與陰莖桿的「人」字形皮層，稱陰莖繫帶。對男生口交，牢記進攻龜頭這兩處「陰莖冠狀」、「陰莖繫帶」敏感地帶，自然攻無不克，讓對方五體投地稱臣。

當妳把愛吃的東西投射在那話兒上，舔起來感受大不同。

像這樣調整性認知的工作坊，在歐美挺風行，一切都從能量著眼，頗有新世紀氛圍，益世助人。

我這些年重心都在加州，盡量參加各種身體與性的工作坊。如果你住加州或要去加州，好康報給你知：

別忘了去太浩湖（Lake Tahoe），那兒有許多譚崔課程包括性器按摩、女性高潮、免早洩、口交、肛交、「印度愛經式」工作

坊，一輩子總是要去一次的啦。

　　大家拼經濟，愛愛力不從心，權宜一下，全套砍成半套，輪流「躺著被口愛」吧。但不要認為這是消極地被減半，要積極地把它定義為「專心享受口交是為了囤積續航力」今天存下的性能量，都會用在明日打拼。■

【註】太浩湖（Tahoe），是印地安語中的大湖之意，為加州北部舊金山灣區度假首選。位於加州首府Sacramento東北方，約兩小時車程。

027

叫什麼名字能助「性」？

床戲喚名學問大

本招祕訣

伴侶應為彼此的性器官取小名，耳鬢廝磨時聲聲喚。在親熱過程中，稱呼對方性器官「花名」，是一場情趣遊戲。以人名稱呼彼此的私處，既可做為幽會代號，又像是兩人間夾入了第三者，產生心理的刺激作用。

最近，電視有一支男性補品飲料廣告，瑤瑤嗲著嗓子說：「不讓你睡」！意指喝了這種飲料，能夠提神，不會疲倦打瞌睡。

她這句台詞，乃故意一語雙關，就是要讓男性想入非非。

那麼，什麼樣的女人會「讓你睡」呢？你恐怕很難想像，竟跟她叫什麼名字有關。

根據英國「OnPoll」針對四千名18～28歲男子進行調查，叫什麼名字女人最容易「第一次釣到手就跟你上床」？第一名是「Chantelle」（仙黛爾），接著以下排列為Stacey、Kelly、Chelsea、Tanya、Debs、Becky、Vicki、Lisa、Michelle。

為何「Chantelle」最易上鉤？受訪男人的印象來自英國「老大哥（Big Brother）名人版」電視節目，參加者都是名人，唯一一位不是，係之前「老大哥一般版」冠軍仙黛爾（Chantelle Houghton）。

仙黛爾最後名利雙收，與同樣出身「老大哥」的一位男性參賽者結婚，不到一年後離異，觀眾可能因此覺得此妹「不挑食」。

針對女生部分也作了調查，她們最多數

認為叫「Dave」（大偉）的男子最會釣女人，以下分別為Lee、Steve、Darren、Andy、Gary、Danny、Jason、Kevin、Callum。

在另一項調查中，女人認為叫「Johnny」的男性很迷人、機智、受小孩與動物喜愛、很抒情。

如果你／妳想有一夜情或豔遇，去酒吧夜店時，當對方問起你／妳的名字，便可參考這兩份名單，挑一個名字自居，成功機率將大為提昇。

在那種公開場合初識的人，多是溜英文名字。比方，男人殷勤上前詢問：「Hi, What's your name？」如果他是妳中意的型，不妨自我介紹是「Stacey」、「Kelly」等前十個名字。畢竟，英國男人覺得這些名字給男性比較隨和的親切感，有參考價值。

其中，「Kelly」是不錯的選擇，發音也不會僅限純西方的味道；況且還跟「慾望城市」中的女主角凱莉（Carrie）發音相近，給男人一種時髦都會女性、場面見得不算少、沒啥好大驚小怪的第一印象，便易放膽搭訕。

以上二十個男女名字，意指在搭訕時最被證實有效的「菜市場名」，儘管或多或少帶著文化差異；但有的確因發音關係或普遍印象，就是神奇地一聽之後，給人放鬆、不妨聊兩句的鼓勵作用。

說到名字，在另外一個領域，也被常被性愛專家建議使用，那就是伴侶應為彼此的性器官取小名，耳鬢廝磨時聲聲喚。

在親熱過程中，稱呼對方性器官「花名」，可以是一個很情色的遊戲。文藝復興時期法國作家韋威爾（Béroalde de Verville）曾出版一部色情小說《訣竅》（Le Moyen de Parvenir）。有一次他和女伴在一起，她為了取暖，將襯衣撩起來。他便跟她說：

「美女，請妳遮住妳那個。」

「什麼是我那個？」

「就是妳的貓咪。」

「什麼是我的貓咪？」

「就是妳的小樂趣。」

「什麼是我的小樂趣？」

「就是那個賠錢貨。」

「什麼是賠錢貨？」

「就是那個朝下看的。」

「什麼是那個朝下看的？」

「就是妳那個辦好事的小鉤鉤。」

「什麼是我那個辦好事的小鉤鉤？」

「就是妳的東西。」

「什麼是我的東西？」

「就是妳的陰阜嘛。」

這一段對話，繞東繞西，像在打啞謎。那個年代會說出「賠錢貨」這種話，並不令人太意外，倒不能以現代的政治正確去衡量；但其餘代號都還頗稱得上誘人逗趣，流露兩人私密之際的打情罵俏。

爽法祕術

為私處取名，是一場情趣遊戲，儘管只是一個名字，擴散效果卻滿大。

男女私下稱呼對方性器官，說法林林總總，有些人含糊帶過，像「你那根」、「妳那裡」、「就它啊」、「那個嘛」。

撰寫性專欄長達十年的喬瑟夫（Josey Vogels）每次寫作時，寫到性器官，都只能以「down there」（下面那兒）比喻，他感到了無新意，於是做調查想明瞭大家的用語。

他發現女性最常稱呼自己性器官為「pussy」（小貓咪），男性則稱為「dick」，都像小孩在玩家家酒的用詞，比較沒有心理負擔。

幽會時的最佳代號

長久以來，男士跟陽具的關係，比起女生之於陰道密切許多，當作自己的哥兒們。誇張一點的男生，還會在小解時，低頭跟它講上兩句呢。

在多數民族的傳說、信仰裡，陽具代表繁衍的生命力，陰道卻沒啥地位，人們不知不覺去醜化它的形狀、氣味；糟糕的是，連絕大多數女性也都深信。

男人為自己陽具取名風氣較盛，例如美國幽會出軌過的青年男女，都很熟悉暗號，就是想要來一場「奔回本壘」的約會時，男生會在外人面前這麼大方地說：「今晚，我們可以把『彼特』也一塊約出來。」女生便知悉也，因「彼特」是男友對老二的代號。

表面上，「彼特」也是菜市場名；但聽進女方家長耳裡，以為兩男要跟女兒一起出遊罷了，不疑有它。

性愛諮商專家們都一致鼓勵每個人（尤其女生）為自己性器官取暱稱，有助放下羞恥，欣賞自己的私處，讓它人格化，漸漸才能展開身心，好好享受性愛。

別小看這個取名的動作，在心理上很受用，從今日起，把它當寵物暱稱吧。

不能輕忽的方言魅力

如果雙方偏愛江湖味，以中文裡最具俚俗味的「屄」（發音類似英文字母B，指陰戶）和「屌」相稱，或更俗語的「老二」一言帶過，具有成人級氣氛，效果也很好。

台語稱謂性器官，味道更嗆，搔中最癢處。（參見〈小姐，這支給妳「速」〉）

文學也有好例子

專家建議，成人間為彼此性器官取「像是人名」的名字，妙處不少，《查泰萊夫人的情人》就是一例。

園丁密勒斯把那話兒稱作「約翰‧湯姆斯」（John Thomas），把查泰萊夫人的私處稱為「珍女士」（Lady Jane）。

密勒斯好幾次面對胯下陽具，自言自語：「你這約翰‧湯姆斯！你要她嗎？要我的珍女士嗎？告訴珍女士，你要屄。」

乍看，以為園丁與查泰萊夫人之間闖入外人，一位名叫約翰‧湯姆斯的男子。細讀小說後，才知道在當時，「約翰‧湯姆斯」

係一般僕人的泛稱。

密勒斯既是康妮的園丁，以這個別號來暗喻自己的性器官與身份，並用「珍」這個也是普遍的芳名，加上尊敬的女士稱呼，很貼切、優美又色慾。換句現代用語，就是他在自問：「老二啊，你興致勃勃，是想跟康妮（查泰萊夫人的名字）上床嘿咻吧？」

另一幕，當密勒斯與康妮幽會，他將兩人親密交媾稱為「珍女士與約翰·湯姆斯舉行婚禮」；當分別之際，他還喃喃自語：「跟約翰·湯姆斯說聲晚安吧」。連康妮想要「稱讚密勒斯的陰毛時」，他還強調：「那是約翰·湯姆斯的毛。」於是，滿懷激情的康妮失魂地親吻密勒斯那條軟垂陽具，低吟著：「哦，約翰·湯姆斯！約翰·湯姆斯！」光想像這幾幕幽會，勾勒兩人間的互動，就已夠讓人心醉神迷！

否則，小說就會變成了康妮在吟哦：「啊，陰毛！陰毛！」或「啊，恥毛！屌毛！」，實在煞風景。

互相激發醋味

伴侶間以人名稱呼彼此的私處，會產生心理的刺激作用。例如，當她問他：「Johnny今天乖嗎？」或她問他：「Tanya今天有想我嗎？」好像兩人間夾入了第三者，會讓他／她吃點無傷的醋，倍添情趣。

既然提議取個類似真名的比較有效，女生何不妨叫男友或老公的陽具為「Johnny」。因為如上所述，根據調查，許多女人為這個名字背書，可能源於發音使人聽起來覺得迷人、機智……。

跟主人同姓

國人若不習慣以英文名字稱呼，有一個不錯的點子，就是冠上當事人的姓。例如，她稱呼他（以陳先生為例）的陽具為「小小陳」。有人背道而馳，尊稱它為「老陳」。

「NO」的禁地

男人通常不樂意聽到女人以太過可愛的名稱，叫他的陽具，如「小寶貝」、「小可愛」、「小親親」、「小玩意」，更要不得的是「小不點」，都會引發男人多疑，是否被嫌太小？■

028

用咬，
也能咬出高潮

善咬者爽莫大焉

本招祕訣

在口交裡，適度加入「咬」，與其他技巧輪流互換，高潮將更多樣澎湃。每一種咬法所引起的生理刺激皆不一樣，也並非身體每個部位都適宜。任何時候的咬，都是輕輕咬，不要使力。

大家說咬蘋果、咬雞腿、咬耳朵、咬牙關，說得習以為常；但一般人從來沒注意到，「咬」這個字的長相哪裡不對吧？

仔細地瞧「咬」的寫法，把左右兩邊拆開來，喔，是不是已看出個譜？剛好是「口交」兩字的併合。

我不得不懷疑倉頡當初造字時，是否有想過：把「咬」字一拆開，便是「口交」？

如果，真要推論倉頡有想過為「口交」造一個字，那麼應該是「咀嚼」的「咀」。

當時，他創造另一個字「且」，指的就是男性生殖器的象形字（真絕！「且」與男性陽具，確有幾分形狀神似）。

所以，倉頡若要為「口交」造字，一個「口」配一個「且」組成的「咀」，應是口交的最佳詮釋！

但口交不專指女為男口交，也包括男為女口交，假若以「咀」來表示口交，從字形看，只有顯示出一張「口」是在為「且」（陽具）口交。也就是說，「咀」字只能解釋「女為男口交」，卻無法解釋「男為女口交」，故不能拿它作口交的「一字註」。

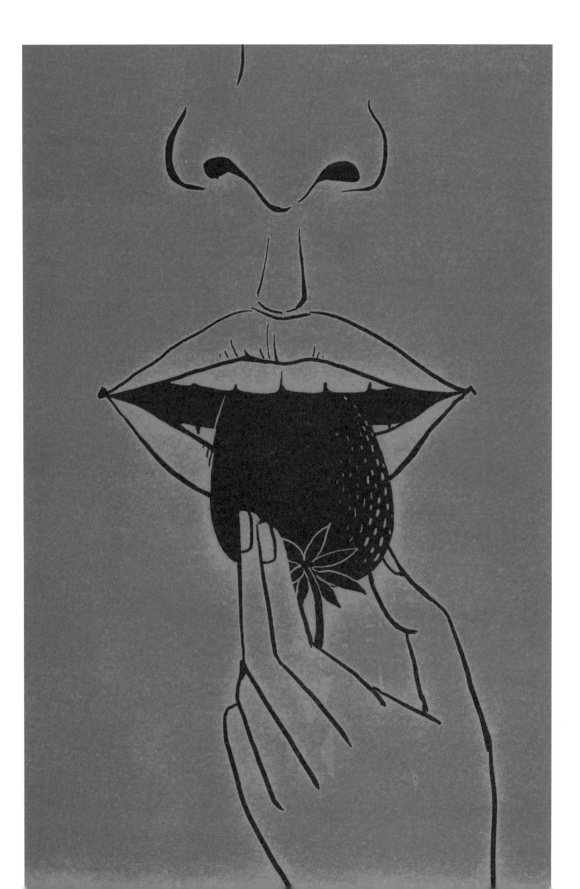

或許如此，倉頡才另謀他法，把「口」與「交」兩字合起來，變成「咬」，涵蓋了男為女、女為男的口交。他似乎向炎黃子孫暗示，在口交本事中，「咬」也是一門口技！

這麼一點破，真令人驚嘆倉頡老祖宗的思想，原來走在時代前端呢。

回想北京奧運期間，大陸在訓練禮儀小姐，有堂課練習微笑。教學方法是「咬筷子」，籌備單位特地安排媒體拍照，只見一位位面目姣好女子露齒而笑，輕咬一根筷子。

有的報紙媒體故意在標題上，把「咬」字印得開開的，「咬筷子」變成「口交筷子」，聽說叫不少男人遐思。

甚至，一名大陸男網友還挺二百五地留言：「丟根黃瓜練練吧，以後好處多著呢。」

爽法
祕術

在口交裡，吸、含、舔，是主要技巧。不過，若能適度地加入「咬」這個小動作，輪流互換，口交的高潮將更多樣澎湃。

咬，有哪些類型？

咬，有很多種方式，每一種咬法所引起的生理刺激皆不一樣，各有千秋。

1.大咬特咬：

這種形式的咬法，絕非如字面所述，而是取其精神。例如，在床戲時，一方故意發揮獸性，模仿獅虎豹或鱷魚、鯊魚，做出獅子大開口，喉頭發出野獸的低鳴，「作勢欲咬」。

亦即，重點是裝出呲牙咧嘴表情，「假作戲」欲大咬特咬；但並非真的咬下去，僅

是為了嚇對方，增進彼此欲迎還拒的身體角力，製造情趣而已。

2. 老鼠咬布袋

老鼠咬東西的特色，就是兩排小牙齒快速地咬嚙。

在口交時，仿效老鼠咬布袋的方法，也是抓住「小口小口快速輕咬」的要領。

3. 磨牙

上下兩排牙齒，互相磨合，也是一種咬法。但咬住東西的力氣，只能很輕微，磨起來才不會疼。

4. 唇包齒

把雙唇保住牙齒，再以嘴唇夾住身體的某部位，這樣也是咬。

這種咬，比較像是「夾」，沒有牙齒直接壓觸的銳利，倒似木頭夾。身體有被夾的感覺，不過很溫和，造成適中的壓力。

5. 咬再拉

以牙齒輕咬住身體某部位後，再往外拉。

這股拉勁會使身體有彈性的肌肉拉長，感到一股扯力。

身體哪些地方適合咬？

咬，動用硬硬兩排牙，產生摩擦，造成程度不等的刺激感，所以並非身體每個部位都適宜。

例如，非常柔軟與太過敏感的部位皆不適合，像是陰核。

反過來說，身體比較皮厚的部位，就可多嘗試力道不一的咬勁。

臀部

這裡的肉多又厚，肌膚下的神經還算敏感，可牽動前方的恥部感覺，是很好施展咬勁之處。

上述第一種「大咬特咬」，很適合在臀部發動攻勢。張開大嘴，以上下兩排牙壓住皮膚，混和著口水滑滑地咬。

這等於用牙齒在臀部皮膚上磨，麻麻癢癢的，讓人想躲又躲不掉，宛如「閉著眼睛吃辣」一樣，神經會整體動員起來，準備迎接辣食物一碰到味蕾，即將舌頭冒火那般刺

激。

建議一邊在咬臀部時，一邊發出狼狗狺狺聲，預備撲向一塊肉，大啖美食似地。這種饞鬼咬相，會使對方敏銳感應來自背後的威脅，脊樑都會發麻。

耳朵

耳垂，是整個耳朵最靈敏部位，平常親熱時，舔耳垂、耳後，或僅是對著耳朵噴熱鼻息，都會使人癱軟。

咬耳朵的方法，適宜先來一頓舌洗，好生地以舌頭舔上一舔，舔到對方身子骨軟綿綿了；忽然此時輕輕咬一下，對方將感到如被蚊子叮一口，身體亢奮地一抖。

對著耳垂，如小老鼠輕齧，碎口碎口地如在咬餅乾，發出「嗯嗯」喘息，或表示好吃的「嘖嘖」聲，也會逗得對方舒癢，又爽又一直想笑。

脖子根

人們喜歡在脖子根處「種草莓」，用力地吸吮，不同於親吻、濕舔，這是另一種滋味特殊的麻辣感。

在脖子根吸呀吸的，到一個時間後，忽然像一隻可愛的小白鼠咬齧起來，或假裝是吸血鬼要咬出洞，會有意外的驚喜效果。

乳頭

男女都有乳頭，且都一樣很敏感，對於愛撫、舔含均有爽快反應。

有些男性故步自封，認為女人才有乳頭快感，男人則不能、也不應該感受到，似乎那樣會使他們不夠陽剛。

這是極大的誤解，事實上，男性也能從乳頭獲得綿綿不絕的爽勁——前提是，他願意放開心結，充分自在去感應。

乳頭很有彈性，皮質也較厚，適宜含、舔、吸，兼咬。

上述的五種咬法，都能應用在乳頭上，如裝腔作勢地想要大咬一場的樣子，或輕而細碎地咬齧、以兩排牙磨著、唇包齒夾住、輕咬住乳頭再微微地向上拉。可以單一使用，也可混著使用。

有一招經過實驗，從很多人迴響看來，都大呼過癮。

這招並不難，口訣是「繞一繞，吸一吸，

咬一咬」，動作分解如下：

1. 以嘴巴整個蓋住乳頭與乳暈。

2. 挺起舌尖，抵住肌膚，繞著乳暈快速地旋轉圓圈，勾起乳暈有麻、癢交混的感覺。至於繞幾圈？憑當下感覺，參考數據至少3～5圈，不用分心去數，大約心理有個準即可。

3. 舌尖繞完乳暈之後，隨即吸含奶頭。動作像嬰兒在吸奶嘴那樣，欲把奶頭吸進肚子裡去似地。

4. 吸了一會奶頭，再以牙齒輕咬幾下奶頭。

5. 上面四個步驟為一回合，接續不斷，多作幾回合。

陰囊

正常狀態下，陰囊的皮軟而下垂。唯有在性慾引爆，正值興奮時，陰囊皮質會縮成一球，變得厚而多皺。

在口交陰莖時，偶爾抽個空檔，轉而輕咬陰囊，或以上排牙齒輕微地磨一磨陰囊皮。對男性而言，那感覺還挺新鮮。

在所有口交的技巧中，咬，堪稱神來之筆。不必常常使出來，但在適切的時機，突然使出這麼一招，會使床戲或做愛旋律，彷彿加入一段小圓舞曲的間奏，是天外飛來的靈感。

任何時候的咬，都是輕輕咬，不要使力。最好是在咬了一陣後，緊接而來，以濕熱舌頭又含又舔，把咬囓時的癢、微疼散化開來，頓時舒爽無比。

這句金玉良言記著了：善咬者，爽莫大焉。■

029

上床要作狗男女

學動物性交才快活

本招祕訣

擷取動物交媾的那股蠻勁、恣意、攻擊特性，轉化
在做愛上，使自己更放得開，敢於流露肉體感受，
進而敢於爭取讓自己舒服的方式。試試效法狗的發
春功夫，多多運用舔功、嗅功與制約反應。

現實生活中，說別人「狗男女」，是髒話；說自己呢，則是犯賤。但在床上，遇見懂得當狗男女的床伴，算是遇到做愛極品。

女孩子有過這種經驗吧，跟男友爭辯，他大概辯不過妳，忽然靜默下來，皺起鼻頭，冷不防狗吠幾聲，還故意露出一排牙，喉頭發出威脅悶響；然後他發狗瘋似地，對準妳的脖子作勢欲咬（其實是藉機調情）。

此時，女孩已意識脖子被入侵，興起一股恐怖兼興奮感，萬一他的熱舌頭已舔到脖子，女孩保證笑不可支，身子全軟了。兩人於是開展一段動物式的親熱廝磨，好不纏綿。

男生適度的撒野，常能助燃女生的溫吞慾火，彷彿放一把油，燒得又快又烈。

這就是當狗男女的好處，不必想太多，把「理性」請到一邊去歇歇，把「野性」（或「獸性」，如你們屬於更狂野的話）催發出來。

在床上要作狗男女，主要精神便是擷取動物交媾的那股蠻勁、恣意、攻擊特性，轉

化在做愛上，使自己更放得開，敢於流露肉體感受，進而敢於爭取讓自己舒服的方式。

譬如，你平常因害羞或其他顧慮，有許多動作不敢做；然而，一旦你幻想自己是一頭發春動物，就較為容易「脫胎換骨」，暫且把矜持、瞻前顧後的彆扭放在一邊，而自動放肆起來。

日本浮世繪裡，倒是有一些很不錯的「狗榜樣」。

浮世繪，是全世界最色情的繪畫，坊間有一本精美版《江戶四十八手》，分別介紹日本人做愛的千姿百態，赫然有一式「男鹿戲」，建議男女偶爾學學動物嬉戲的方式，「模仿畜類，可為一樂。奇怪之極，然趣味無窮」。

譬如，日人的體位有一個叫做「犬取」，望文生義，它確是指模仿狗兒交媾的姿勢，比我們的「狗爬式」聽起來較為生動。

浮世繪大師葛飾北齋、菱川師宣都曾畫過「犬取」主題，繪出男女做愛時效法犬類體位。

模仿動物的玩法，不僅出現在古代日本繪畫中，如今真的成了一票現代人的嶄新助興樂子。

英國出現了一群志同道合的人，自稱「furverts」（皮毛性嗜好者），係把「fur」（毛）與「perverts」（怪胎）兩字結合。這群人喜歡身穿上毛茸茸的道具服，模仿熊、兔子、松鼠等，或一些卡通動物；然後一夥人跑到叢林間戲耍，體會「野放磨蹭、調情互動」的情趣。

這類喜歡毛毛玩意的人，並非所謂的「動物戀」支持者；精準地說，他們較接近「戀物癖」，偏愛皮毛所帶來的觸覺，與野性的感覺。

還有一個重要原因，躲在道具服裡，使人有安全感；即使表達好意時被拒絕，也不會有失顏面的窘困。如此便可放心大膽示愛，表達慾望。

這種玩法似乎很助興，值得嘗試；唯一般人無須玩得這麼刻意，否則，一想到還得花錢去買台灣難得一見的道具服，興致大概就消了。

雖然不必那麼麻煩，大可不穿動物戲服；但心態上，一定得做到自我催眠：我就是動物，我要發揮獸性！動物怎麼做，我現在也要怎麼做！

簡單地說，想讓偏冷的性愛提高熱度，就不能繼續像往常那樣，一定要有所改變；學動物撒野，即是一條不同於以往的途徑。

多數情人或伴侶做愛，都屬於中規中矩，誰都不好意思先提議換換花樣，只是暗自抱怨，「唉，做來做去都是那一套，沒啥新鮮感」。

當一個人意識到自己是人，就會自我約束行為；但當一個人想像自己是一頭野獸，就會打破約束，「撂落去」，而增加生猛企圖心。有熱力的性愛，就是需要這樣的力量。

為何要學狗？

這便是中文說人家「狗男女」一樣，為何是選狗，而不說「貓男女」、「豬男女」？

因為狗是人類熟悉的動物，我們較了解狗的特性。而且，狗一發春常常當街搞起來。狗的好色形象，比較凸顯。

譬如，一般形容男人很有力地挺進女體，都說是「公狗腰」，聽起來不覺得很傳神嗎？

在床上，如何效法狗的發春功夫？

舔功

沒有被狗舔過臉的人，總也看過狗舔人的畫面吧？狗有一條唾液豐富的舌頭，如果我們把自己想像成「狗男女」，最要搶先表現是舌的舔功。

改變以前很斯文、點到為止的那套吻法，想像在吃酸梅，以刺激分泌多一點唾液，讓舌頭含著充足水分。

舔的方式變成大開大闔，將整條舌頭伸出來，以舌面舔對方的身體、性器官，盡量發出快活的吸吮響聲。

狗是什麼都愛舔，所以你也該鼓勵自己，舔對方身上你以前沒舔過的地方。不要想太多，用直覺去舔，全心全意只放在「舔」這項舉動上。

狗有犬齒，在舔的時候，可以夾雜一點輕咬動作，增加威脅性。

嗅功

狗的鼻子很靈敏，眾所周知。上床後，來點不同調情，以鼻子聞遍對方全身。

聞的同時，最好發出狗聞東西的那種「咻咻」聲，更有氣氛。

一邊聞著，一邊以鼻頭觸磨對方身體；如聞到私處時，可具侵略性一些，整個頭埋進陰毛裡，大聞特聞，讓對方有點癢，有點爽，又有點想推開。

制約反應

當狗男女，還有一項優點：可以強化身體的歡愉記憶，而不斷複製。

我們都知道訓練狗有章法，當狗依照命令完成動作就有賞，不然遭挨罵或受罰。訓練久了就會產生「制約反應」，不多作思考，一聽指令（或跟指令有關的聲音、行為），遂立即反應。

專家研究，床上的狗男女也是可訓練的。當男生輕柔對女生說：「夾緊」，一定要配

合「犒賞她的動作」，如吸吮耳垂附近性感帶，賜給她戰慄快感。每次都這樣做，做久了，男人只要多舔弄女生耳後，她一舒爽，便會制約反應到下體，自動夾緊。因在訓練過程中，兩種高潮是聯繫在一起。

反之，女生低呼「用力一點」，隨即輕啟櫻唇為他舔乳頭，久而久之，男人也一樣會有「乳頭受舔＝該用力插了」的制約行為。

也可以是其他動物

你知道母海豚爬上沙灘，以身軀磨沙子，其實是在自慰？

《海洋愛經》（Kama SEAtra）談了許多海中生物有趣的性生活。作者說別看海豚可愛無邪，牠們不只繁殖季才發春，平時就熱中「純做愛」、「純享樂」，跟人類一個德行。

公海豚尤其愛naughty sex，當勃起時，會調皮去頂同伴的氣孔；作者指出，還曾經有人見過牠們試圖頂進海龜的殼。

動物玩得似乎比我們有趣喔。除了狗，還有許多動物可以挑選。但基本上，不宜選溫柔動物如兔子、綿羊之類，牠們的獸性不明顯，無法幫助你放肆。

挑選有點侵犯性的動物最佳，例如，女人到了性慾旺盛的年紀，被稱作「狼虎之年」，那女生何不妨乾脆就想像是一頭母狼、一隻母老虎？正值發春，什麼都不管了，一心只想交媾。

總之，忘掉妳是女人，在床上有時就是要變成一頭母獸，舔、咬、纏、扯、頂、騷、浪……渾身解數。唯有這樣，才能將內在壓抑很深的慾望，狠狠逼出來。■

030

飲食男女
好玩耶

食物也能吃出激情

本招祕訣

床戲前，預備一些方便實用的小型水果，妙用無窮。當嘴巴嚼食果肉或吸吮果汁時，全身感官神經會整體帶動起來，使下體慾望也跟著蠢動。但應避免直接碰觸女人的性器官，以防滲入。

裸體跟食物結合，不只符合那句「食色性也」，箇中還有更多樂子。一言以蔽之，食物不只用來吃，還可拿來調情。

首先，來見識裸體下廚這股新風氣！國內還沒人敢開風氣之先，但在國外已是一門流行了。

像在舊金山，一位女廚師推出專業食物料理網站「bunnybunns.net」，她在電視頻道上主持裸體料理的節目。

還有，全美收視最紅的烹飪秀《Rachael Ray》邀請「dirty job」主持人麥克羅伊上節目，跟這位女大廚學藝。她當場要求麥克脫光衣服，只穿著一條圍裙，她堅持教學時，向來都是師生一起裸體。

當麥克彎下腰拿廚具，屁股翹起時，幽默地說：「啊唷，覺得後面涼涼的。」現場觀眾哈哈大笑。

裸體下廚，可以是兩人私生活裡的情趣出招，也可以是一種幽默的實踐。比方，著名大廚高登羅賽主持《地獄廚房秀》，專門出馬，替那些因各種原因經營慘澹的餐廳重新變身出發，贏回好生意。

由於該節目深具戲劇性，頗受歡迎。最近

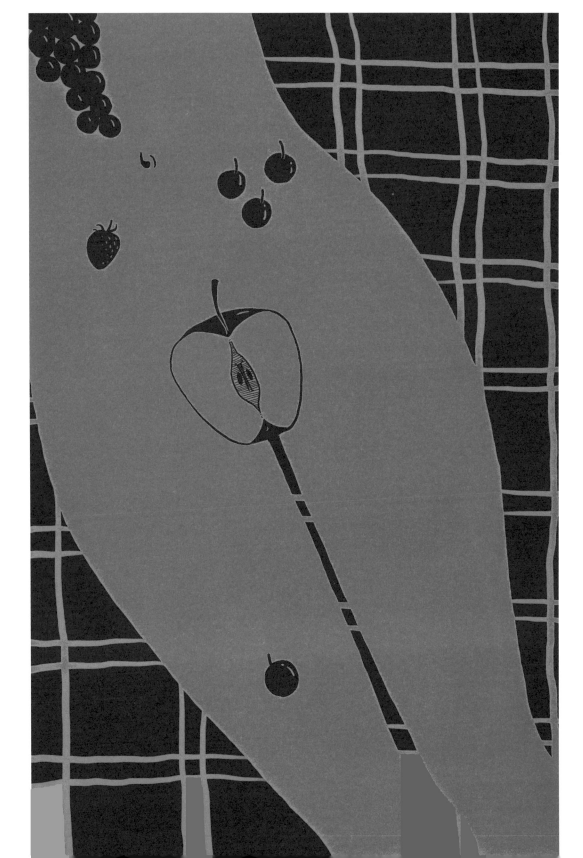

一集，這位脾氣火爆的廚藝達人因氣憤一位廚師偷他的食譜秘方，懲罰對方一絲不掛，以保鮮膜裹得全身密不通風。他樂得一邊涼快指揮，享受觀看那位裸體廚師四處忙，汗如雨下。

芝加哥《Hungry》雜誌做過讀者調查「最喜歡跟哪位名人一起裸體下廚」，答案涵蓋很多烹飪大師，各種身材、年紀、國籍都有入選，顯示喜歡美食的饕客對人體最沒歧視，包括豐腴女人、中年男子、不以傳統條件見長的人，饕客們通通欣賞。

美國HBO播出《情色烹調班》傳授實況，也開啟人們的視野。好幾對男女伴侶裸體上課，教師讓他們將奶油、果醬、巧克力醬塗在彼此身上，尤其是敏感之處，如奶頭、嘴唇、手指頭，玩著人體彩繪，然後一口口吃下肚。吸吮時，等於舌頭在愛撫肌膚。

過程中，每一對還矇上眼罩，關閉熟悉的視覺，僅以鼻子去嗅、以手去摸各類食材，開發情慾感官新體驗。這時，不管是聞到或摸到任何東西，感覺特別新鮮，如蛋白的滑溜、麵粉的細軟、糖粒的突起狀，格外能挑動神經。

難怪，上完課後，一位年輕妻子興奮地說：「沒想到下廚也能勾起慾望，我可急著想回家做飯呢！」

裸體下廚既好玩又性感，建議儘管光屁股；但還是要穿圍裙，不然可能喝湯時，會發現幾株怪怪的「髮菜」。

食物，不僅跟裸體很麻吉，跟性更是一對天生佳偶。

有些人在性愛過程中，可能連一杯水都沒派上用場，更別說是蔬果食物。那有多暴殄天物啊，一些食物的偉大貢獻，不是被你端到餐桌上去吃，而是被你帶到床上去玩。

水果等首選玩意

床戲前，預備一些方便實用的小型水果，妙用無窮。

水果的果香、汁液，能挑逗食慾，當嘴巴嚼食果肉或吸吮果汁時，全身感官神經會整體帶動起來，使下體慾望也跟著蠢動。

每人挑選自己喜歡的水果口味，如將淹漬甜櫻桃切半，蓋在自己或對方的乳頭上。如此可趁著含舔時，一邊吸食櫻桃甜汁，一邊以舌尖滾動乳頭，並發出嘖嘖好吃聲，更有催情作用。

櫻桃，也可由桑椹、葡萄、小番茄替代，同樣切成對半，覆蓋在乳頭上，等著被舌尖「臨幸」。

這是定點遊戲，也可玩追蹤遊戲。以拿著葡萄乾為例，一粒一粒從胸前直線往下放置，最後一粒座落陰毛上緣。等對方一口口吃進嘴，當吃到漸漸接近下體要塞時，雙方都會有一種期待發生什麼事的緊張、振奮。

還有另一項水果利器，口交前咬幾口事先放在床邊的酸梅，能刺激唾液分泌，使舔含等動作更為流暢。

除了水果，其他如果凍、布丁這類軟中帶著固態狀的甜食，以及冰淇淋，都很能助興。玩法係以湯匙挖一杓果凍、布丁、冰淇淋，放在小腹、胸脯等平坦的部位，一口接一口舔食。

奶頭、龜頭這兩處要塞，很適合杓一匙冰淇淋塗上去；然後伸出舌面，用力吸吮。被吸者感覺有點冰，又有點爽，美味綿延。

我認識一位受訪者，他放一點兒芥末在

女友奶頭，舔起來一股熱直衝腦門，加上女友奶頭給他生魚片的肉質感，樂得他渾身打顫。所以戲法人人會變，巧妙各不同，請鼓勵自己發揮創意。

視覺也是一絕

女生在男生面前表演吃相，往往有意想不到的挑逗神效。

當女生吃著多汁水果如番茄、芒果、西瓜，或舔冰棒、冰淇淋、霜淇淋，一邊吸舔汁液，一邊舔嘴唇，又故意帶著幾分曖昧神色，極具威力，讓觀者坐懷大亂。

香蕉是更佳道具，女生神祕兮兮從背後拿出預藏的香蕉，加強巨星出場的氣氛，在他面前慢慢剝開香蕉皮，露出一截蕉頭。然後，唇和齒合作無間，在香蕉末端含啊磨的，最後「雕刻」出一顆貌似龜頭的形狀，這是奉送給男生的戰慄眼福。

以鼻子聞香猜謎

國外有一些玩弄食物激化感官，建立身體正向情趣的工作坊。他們最有意思的一招，值得親密遊戲時拿來複製。

伴侶之一以眼罩蓋住視線，另一人拿著食物、佐料、蔬果、糖果等物湊近其鼻，憑嗅味道猜出名稱。

當嗅覺靈敏了，全身很多部位也會脈門打通，摩擦親熱時更有來電感。

液態vs固態

冰塊，本來就是床戲的好搭檔。它不僅製造打嘰吟的冷顫快感，還能帶來味覺刺激。

例如，把果汁放進結冰器，成為方塊狀，放幾粒在碗中，擱置床邊。當調情時，手握一粒冰塊，冷敷對方肌膚。並且，記得摩擦嘴唇，讓冰塊帶有果汁甜味的水液滲進口中。

這時，滿嘴冰凍與一口果肉，是對方口交最佳時機，給對方全新感受。

避開接觸的區域

玩食物的情趣遊戲，避免直接碰觸女人的性器官，以防滲入。因為有糖份的東西易滋生酵母菌，陰道內的酸鹼值與無菌空間會遭影響。■

031

高潮到了，我會叫

叫春之必要

本招祕訣

無論男女如能放開喉嚨，把體內的快感呻吟出來，都會提高性的享受。不慣叫春的人，可試試做愛時，閉上眼幻想神遊太虛、假裝在哼歌，或利用背景音樂、播放A片，玩角扮演遊戲，打破開始之初的尷尬。

大陸一些省，真的有地名就叫做「高潮」，像四川省彭山縣、上海市嘉定區都有一個「高潮村」。很羨慕當地居民天天活在高潮裡，想必樂融融。

這個地名實在太好用了，於是有人藉它編出笑話。

據說，有一位老先生坐公車要去高潮村辦事，因從未去過，車子才過了兩站，他就開始問女查票員：「高潮到了沒？」她回答：「還沒呢。」

又過了兩站，老先生擔心坐過頭，又問女查票員：「高潮到了沒？」她一樣回答：「還沒。」

沒幾分鐘，老先生不放心，再問女查票員：「高潮到底到了沒？」

女查票員終於失去耐心了，這次高聲地答：「高潮到了，我會叫的。」

話才說完，全車乘客都將頭轉過去，目光一致投向女查票員（倘若此刻如電影停格，她的臉部特寫一定三條槓）。

以上雖屬一則笑話，但的確也是如此，高潮到了，是應該叫出來，而且盡量叫才會更爽。

叫春，其實學問還挺不少，並非開口隨便哼兩聲。聽說一夜情裡，從叫春的句子，猜得到對方星座。舉幾個例子，譬如：

女王型的獅子座，叫春時會下命令：「對，就是這樣，再一次！」

優雅的天秤座，則是不徐不疾：「喔，喔，喔。」

天蠍座是飆女型，叫起來也是一個德行：「快！快！快一點！」

保守含蓄的金牛座，連叫春嘴唇都是含著，只發出：「嗯，嗯，嗯。」

嚴肅的魔羯座，一路不出聲，悶在嘴裡。

根據網路的調查，女性如果以英文叫春，還可分類出個性。

樂觀的女人，叫道：「Oh, Yes, Oh, Yes, Oh, Yes…」

悲觀的女人，叫道：「Oh, No, Oh, No, Oh, No…」

困惑的女人，叫道：「Oh, Yes, Oh, No, Oh, Yes, Oh No…」

愛旅行的女人，叫道：「Ahh, I'm coming, I'm coming…」

有信仰的女人，叫道：「Oh, God, Oh God…」

真正懂得高潮的女人，叫道：「Ahh, More, More, More…」

我在念性學博士時，學校規定要看完一百部A片，並寫報告分析。根據我的統計，除了男女共同喜歡叫「a」，83％男生喜歡叫「o」（好像坐上單車時，正好壓到陰囊），92％女生喜歡叫「m」（好像如廁）。日本女生比較特別，會多發一個「e」（好像小孩子流口水）。

不過，叫春決不僅是女人的專利。只要是性的參與者，無論男女任何一方如能放開喉嚨，把體內的快感呻吟出來，都會提高性的享受。

但很多人都屬於「埋頭苦幹」一群，頂多哼哼哈哈，唉唷唉唷地出聲，沒有台詞。

叫春，分為兩部分，第一部分是不帶話語的純音效，第二部分是有口白。人們不太注重帶口白的叫春，因「在那種當下」，不好意思多講甚麼話。

不好意思叫春，出於心理障礙。有些人即使連起碼的哼哼哈哈都忍住了，只剩無法

再精簡的喘息聲。

這時應該自我教育與鼓勵，建立新的認知。叫春，在性過程中具有好處，既為自己好，也為對方好。

利於自己，因為放開聲帶，從身體內部發出或急促、或悠長的吟哦，都會帶動自己更投入情境。

利於對方，因為把愉悅的聲音「傳頌」出來，會使對方感到「我有很大的功勞」，情緒易被感染，同樣也能更加投入。並且，叫給對方聽，如同給暗示：「對對，就是這樣」或「對對，就是這裡」。

如果悶不聲的性，打70分，那麼放膽、放鬆、放肆叫春的性，可以一下跳到90分。

原理很簡單，就像做運動時，聽音樂跟不聽音樂即有差別。好比看電影，就是要有聲有色，沒有叫春的性，跟看默片一樣，氣氛過於肅靜，情緒難以被翻攪奔騰。

爽法祕術

下次假如有人問起：「最迷人的性感帶在哪裡？」別回答錯了，正確答案是：「聲帶」。

打開金口，按照以下建議，好好開發你的聲帶吧。

幻想神遊太虛

不慣叫春的人，試試做愛時，閉上眼，幻想神識離體，漂浮在水裡、空中，或任何喜愛的場景裡。

當放任意識自在飄遊，身體的自主性增加，這時因做愛帶給身體的舒服，才會脫口而出。

倘若，腦子不去神遊，就會在現場拚命管住身體，一再對身體下指令：「不要哼啊，

不要唉出聲，那多不好意思。」

一直在「多不好意思」的念頭打轉，就算再愉悅也叫不出口。身體在，神識可以不在，這是不敢叫春者跨出的一小步。

假裝在哼歌

這一招也是打心理戰，不斷告訴自己：「哼吧，我是在哼歌。」

不把叫春想成叫春，而想成是在哼歌，便放得下內心包袱。

放音樂當背景

做愛不習慣叫春的人，一開始改變會有點困難。

如果氣氛來得及事先安排，不妨放一些音量輕的浪漫音樂，等到該叫春時，不會因周遭太靜而鎖住喉嚨。利用音樂「矇混進場」，比較敢出聲呻吟。

從講英文開始

習慣在做愛時只呻吟單音節的人，開始要加入有字眼的叫春，也一樣有點困難。

不用中文，而先用英文叫春，有一層心理因素：講外國語言，比較像在看電影，好萊塢影片演到床戲時，我們已看慣了，不都是「在謅英語嗎」？

例如，多數人都覺得以英文說「I love you」，比國語說「我愛你」稍稍不尷尬吧。

當女生盡可能放浪地說：「Oh, faster, faster⋯」「harder, harder⋯」「more, more⋯」男方不會介意是在嫌他不夠快、衝、勇，只會感覺像跑百米，快近終點的跑道旁，有熱情啦啦隊在加油，心頭氣氛加速湧出，更會盡力表現。

男方在叫春時，最好帶點野勁，即使是平常被列入有罵人嫌疑的「fuck」，如判斷女方不會太在意，夾幾句像「fuck, it's so good, feel so good!」或讚美對方「Oh, yeah, you are fucking hot.」「It's fucking tight.」都是性愛的很棒調味料。

當英文講慣了，就升一級台階，試試國語、台語。

一邊播放A片

這是一個投機法，做愛時播放A片，讓男女主角的叫床聲，為你們當開路先鋒。

跟著A片演員叫，不會太彰顯自己的聲音，可減少剛練習叫春的害臊。

但注意，不要因此轉移注意力去看A片，它只是聲音助興劑，不是拿來分心。

使用問句形式

叫春使用問句，一來順口，二來不勞費神想詞。

脫口而出，很容易，也很自然地說：「舒不舒服？」「爽不爽？」「妳還要？妳還要多一點是不是？」這時的問句多半不是真的在提問題，而是自問自爽。

玩角色扮演遊戲

不好意思叫春，多是因為自覺很強，無法放開自我，連做愛時也在監督自己不能失態。

這種拘謹態度很難一時改變，「放不開就是放不開嘛」，是很多人屢次無法叫春時，給自己的藉口。既然如此，那就不要當你自己，當成在玩角色遊戲。

例如，想像自己是A片演員，或是「好色之徒」、「蕩婦淫娃」，都是這個角色在叫春，而不是你在叫。這麼想，心頭比較沒壓力。

除了私下自己假想角色，也可以跟對方明白說出來。譬如，男生很想鼓勵一向沉默的女生叫春，可用提議玩遊戲的試探口吻，說：「我來裝作是西門慶，那妳裝潘金蓮。」

說完，他在插入抽送時，故意裝成淫邪的西門慶哼哈作聲，以勾引她用潘金蓮的角色配合。

這個假裝遊戲，會使人易於打破開始之初的尷尬，因雙方心理上都會自認在遊戲，是故意哼的，遂自覺不必不好意思。只要第一聲哼出了口，接下去就自然了。

NO的清單

男生—不要一直喊「Oh，God」「my God」「Jesus」，這時喊太多宗教上的名詞，萬一激起靈性，跟做愛應該大大發揮的獸性大相逕庭。

女生—叫春聲不要跟哭聲分不清楚，對方有可能會軟掉。

最起碼的底線

女生通常比男生害羞，過去都不吭聲，要跨出第一步尤其難。所以一開始的標準不必定太高，適宜講單一英文字，如「yes」等字，重複一連串地叫，效果總比無聲好太多。

如能跨進一步，夾幾個「yes」也很好，高潮時以連喊五聲「yes」，一鼓作氣，最能強化快感。

湊近左耳音效最佳

經「英國心理協會」證實，叫春時在左耳邊叫，比在右耳效果強；因左耳連接控制情緒的右大腦，聽到叫春時的反應較為靈敏。

■

032

小姐，這支給妳「速」

台語叫春的威力

本招祕訣

要把台語的鏗鏘有力、直接鮮活特色，發揮在親熱上，就得把握「閨房式台語」的幾個大原則：以台語稱呼性器官、以台語叫春、以台語使用動詞，把握住了，即能隨時機、隨心情創造，靈感湧出。

舊小說令人懷念，黃春明《看海的日子》改編成電影，由陸小芬飾演妓女白梅，演來很有韻味。

片中，她被一位「青仔叢」（台語，「色鬼」之意）吃豆腐。對方從菸盒裡抽出一根煙，色瞇瞇地遞給她說：「小姐，這支給妳速」。

短短幾個字的台詞，竟如此色情，生猛有力。

我身為作家，寫了十幾本小說，包括情慾主題，國台語都使用自如；不過我特別喜愛台語的方言魅力。台灣話，不但在色情方面功力深厚，平常時候它就是一種生猛又傳神的語言。

譬如，以形容東西來說，國語常得講上一串，台語卻只需數字便說到精髓。比喻天氣很冷，國語說「冰天雪地」、「凍到不行」，都不如台語的「lin-gi-gi」（冷唧唧）生動。當講起台語發音時，渾似一個人冷得牙齒打顫呢。

另一個極端例子，形容東西被撞得不成形，國語說「凹凹凸凸」，雖有象形之助，但還是略遜台語的「咪咪冒冒」一

籌。後者僅靠聽覺，即能聯想到整個東西凹陷的模樣。

說到調情，國語斯文有其好處，台語卻叫人血脈賁張。台語稱男性陽具「卵蕉」，讓人想起了香蕉粗翹、蕉肉熟甜，不禁滿口生津。台語叫「卵蕉」委實叫得好，耳朵聽進去，腦裡馬上聯想起陽具如蕉肉之色香味。

「卵葩」是台語的陰囊，一層皺皮裡掛著兩粒飽滿的蛋蛋，不正像是花期開過之後，開始結的果實？以台語叫陰囊「卵葩」時，豈不貌似一串多汁肉肥的果子（如荔枝）？

儘管，有人認為以台語叫性器官不太雅；但又不是平常與一般外人對話，會用台語叫性器官，都是兩人在閨房裡私密溝通時，依靠台語聳擱有力的特徵，可將聯想到香蕉、水果的食慾，跟著色慾一起吹脹。

反過來，看古人以「吞薏苡而生」比喻交媾，真使人丈二金剛摸不著腦袋。原來「薏苡」為外形如卵的植物，這句話不知繞了幾圈，才繞到性交上頭。

通常，夫妻、情侶想要嘿咻時，問句裡都不把話講滿，不會彆扭地問：「要不要性交」，連「要不要做愛」都會省略句子，頂多是問：「要不要做？」雙方這時便有默契，不會有一方白目反問：「做什麼？」

這樣說既方便，也避開尷尬，有的還用通關密語，在辦公室公然打電話給配偶：「今晚要不要在家開飯？」或打電話給情人：「晚上有要一起去吃炒飯吧？」炒飯又指做愛，問與答的雙方心知肚明；但聽在外人耳裡，十分自然，也不會無聊到幫同事想入非非。

語言不論多雅，用錯人事時地物，都算性騷擾；不管多俗，用對人事時地物，都是催情劑。

爽法
祕術

在台灣，多數人會說「日常式台語」，差別在流利與否。不過，「閨房式台語」我們倒是很少講。既然，要把台語的聳擱有力、直接鮮活特色，發揮在親熱上，就得反向操作：盡量在私密遊戲時，說到關鍵字都講台語。

「閨房式台語」有幾個大原則，把握住了，即能隨時機、隨心情創造，靈感湧出。

以台語稱呼性器官

「卵蕉」、「卵葩」的妙用前面已有交代，親熱時湊在耳邊以台語輕輕叫喚私處，最為煽火。

女性器官的台語為「雞掰」，恐怕許多人要說這個詞時，不免有心理障礙。

以下是一個實例，舞台劇《陰道獨白》轟動國外，搬到台灣演出時，加入了一位女性DJ角色。其中一幕，她流利說出了各國的陰道稱謂。最後她以台語發音說：「雞掰」，全場摒息。

在她帶領下，要求左邊觀眾跟著大喊「雞掰」，然後右半邊也喊，再來指派樓上觀眾喊，彷彿指揮球場上啦啦隊，比賽誰的嗓門大。

我在現場注意到，當放聲喊「雞掰」時，很多人嘴巴打開，卻無聲音，像喉頭卡了魚刺。原來要喊出本土對女性器官的「雞掰」稱呼，竟這麼難啊，它糾結著難堪、羞恥情結。

可是，當大家被女DJ帶領大叫「雞掰」，一次比一次大聲，越叫越過癮，因為心中知道有一個從小到大不敢說的禁忌詞兒被打破了，真有冒險、突圍的快感。

這也是為何要「在閨房裡以台語稱呼自己、對方的私處」的原因了，用意是故意去撥弄心中那株含羞草，玩出亢奮來。

例如，他輕聲咬她的耳朵：「我這支卵蕉給妳速！」說時或有點靦腆，也許很拗口，

但硬著頭皮說說看，是頗刺激的挑戰。

以台語叫春

「爽」這個台語字，口語使用得很普遍；但其實在做那檔子事當下，也非常適合拿來調情。

第一可用在問話，如作了某個動作後，詢問對方是否感到快活：「按咧有爽某？」

第二可用在叫春，如男方進行抽送有快感時，平常都咿嗚不清地呻吟，不妨改以台語換換情調：「喔，有夠爽，真爽，爽攔凍未條……你咧？你有爽某？」。

「爽」這個台語字很特別，發音時是把肚子裡空氣吐出來，悠長而盡興。如能頻頻在叫春時大喊「爽」，不管男女，都很有助於體內的舒暢。

伴隨著被插入，女生一直喊「爽，爽，爽！」聽在男生耳裡，絕對受用、感動，實際也比多數人慣常哼的「啊」還有催情聲效。

以台語使用動詞

講到有動作的字眼，如國語的「『都』（插）入去」、「給我『速』（吸）一下」、「來！『秀秀』（疼惜）」、「有『ㄐㄧㄨ』（癢）沒」、「妳的ㄋㄟ（乳）真好『感』（含）」等，動詞都改以台語發音，尤其傳神。

國語的「性交」、「做愛」、「嘿咻」、「炒飯」？那些詞不夠瞧，講到所謂的動詞，沒有任何一句比台語煽情。

你想，就算老夫老妻，相公突然哪根筋絞緊了，相問娘子：「喂，等幾咧，咱入去房間燒幹，幹到乎妳爽歪歪。」

我猜老婆先是一愣，等會過意後，便啐地一笑，然後很久沒旺的那口爐子就「轟的起火」了。■

033

龜頭將進未進，最屌

「磨菇頭」更好吃、更好看

本招祕訣

所有性交動作中最性感的一招，便是陰莖些許頂入陰道，小局部的腫大龜頭被兩片肉瓣似的陰唇含住。在前戲時，應多把握視覺的挑逗力，記得保持光線，兩人低頭好好欣賞這幅「將進未進」的景象。

電影《瞞天過海3》最精彩的部分，圍繞著賭場主人艾爾‧帕西諾與高明盜竊集團首腦喬治‧克隆尼兩人，展開諜對諜高潮戲。

喬治‧克隆尼集團千方百計要進入賭場電腦庫，艾爾‧帕西諾手下察覺異狀，正忙著操作電腦比對喬治‧克隆尼同一夥人的指紋，趕緊清查資料庫是否遭到入侵？

在這千鈞一髮之際，喬治‧克隆尼同一夥集團的兩位駭客汗如雨下，手忙腳亂修改電腦資料。事態緊急，甲員頻問操作的乙員：「你進去了沒有？」意指駭進對方的電腦系統嗎？

乙員垮下臉，不悅地回答：「我最討厭人家問我這句話！」

全數觀眾正看得緊張兮兮，突然被這一句無厘頭的話打斷；但馬上會過意來，全戲院響一片曖昧的爆笑。

「你進去了沒有？」

何止是乙員，全天下每個男人應該都深怕被問這句話。

然而，退好幾步想，這句話也不全然那麼糟。在所有性交動作中，最性感的一招，

便是陰莖些許頂入陰道，小局部的腫大龜頭被兩片肉瓣似的陰唇含住，這幅「將進未進」的景象公認最銷魂。

東、西方知名畫家以「將進未進式」交媾入畫者大有人在，如畢卡索、德國超現實主義大師漢斯·貝勒門（Hans Bellmer）。

漢斯是推動球體關節人偶（Ball-jointed doll，簡稱BJD）先鋒，1934年已製作一具以球體為裝置的關節木製人偶，並成功地利用這組人偶造型，拍攝色情照片。

漢斯對人偶娃娃有著既慾望又恐懼的矛盾，當他擺出各種人偶姿勢體態，一定會讓兩具人偶「做愛喬一下」，看合不合得來？當然，把龜頭擺佈成將入未入、蓄勢待發，會是他玩弄慾望主題不可或缺的一環。

說到「將進未進」，若欣賞日本浮世繪大師鈴木春信、磯田湖龍齋等人作品，保證嘆為奇觀。

浮世繪以凸顯男女性器官為特色，不管男根、女陰都顯得碩大無比。諸如鈴木春信等大師特意把圓滾滾龜頭，畫成一朵鮮壯磨菇頭。前端的三分之一已插入陰唇，剩下三分之二還露在陰戶外面，整體看來，磨菇頭的弧度更形飽滿。

而陰唇也因夾含著龜頭，微幅撐起，像極了一張女性噘起的櫻唇，正準備獻吻，整幅畫情色氣息濃郁。

龜頭已插入些許，卻未全進陰戶，這像不像一名書生身子已探入屋內三分，腳仍站在門扉，引頸朝內溫柔地呼喚：「卿卿，在嗎？」

畫面如此色情、慾火一點即燃。男女做愛時，只消低頭一瞧，就看清龜頭將入未入模樣，肯定都會臉紅心喜，小鹿跳躍。

可惜的是，一般東方男女很少去注意這幅畫面，全因東方人傳統害羞，習慣關燈辦事。

兩人在烏漆抹黑的床上，只要摸著了一根蘿蔔，覓到了一個坑，對準摘種下去，就等明年收成。東方人做愛，常辜負了視覺，沒讓眼睛開心大吃冰淇淋。

男生龜頭將進未進，除了看起來色情撩人，也是引誘女伴的高招。

當男生把龜頭僅插入三分之一即嘎然停步，又特地抓著陰莖搖擺，以龜頭前端去撥弄四周的陰唇肉瓣，誘到女生巴不得一口（陰道口）吃入整粒龜頭，挑起盎然「食慾」。

龜頭改稱「磨菇頭」，情色增三分

浮世繪把龜頭畫成磨菇頭，雖然誇大；但看起來的確格外煽動慾火，在視覺方面居功厥偉。

若進一步談到口交，把「龜頭」二字，改變稱呼為「磨菇頭」，心理獲益不小，口交起來也另有一番滋味。

畢竟以「龜頭」名之，就算僅是想像好了，哪個女人敢去親吻水塘裡游來游去那種真烏龜的小頭顱？但若把龜頭想成磨菇頭，感受全然不同。

首先，基於心理作用，「磨菇頭」可以激發嗅覺，敏感一些，似乎還可聞到菇類的自然清香。

味覺也一樣有幫助，當把「磨菇頭」含進嘴裡，不正可以把這個動作想像成生吃磨菇，是時下最夯的生機飲食呢。

倘若能善用想像力，在口交前，把「龜頭」想像是「磨菇頭」，不管是生食或炒成香噴噴熱食，有此假想一番，待會含入嘴後，當然就容易感覺香味溢散，嚼得茲茲有味了。

龜頭三分之一夾在肉瓣中最美

說到龜頭，吾人要感謝老天獨厚人類，幫男體設計了龜頭；其他雄性動物不這麼好運，陰莖即使勃起了；因沒有龜頭裝飾，僅是一條紅通通，毫無美感。

哪像男人零件齊全，尤其美哉龜頭！龜頭，位於陰莖頭部，陰莖桿就好比是磨菇的

那條梗，硬QQ，梗的頂端長出了一朵傘狀的蕈菇，肥肥圓圓的邊緣，傘頂的弧度飽滿豐盈，暗示整支磨菇蘊含了水土精華，生命力旺盛。

男人有根直挺的陰莖桿，像生命之樹；當勃起時青筋浮爆，則像枝幹上爬滿生命力的蔓藤；那顆龜頭更是枝幹傾所有營養、水分灌注，終於收採日精月華，結出了一粒大磨菇。

平常性交，雙方只忙著抽送，其實在前戲時，應多把握視覺的挑逗力，玩一玩「將進未進」遊戲。

男生先把勃然大發的磨菇頭，又鑽又扭地塞進陰唇內，佔龜頭大約三分之一，其餘三分之二仍留在陰唇外。

到達定位後，他試圖將磨菇頭往後抽離些微；然後再往前挺入些微，便能欣賞到如蚵仔海浪形皺褶的陰唇肉瓣正一張一吐。

那張陰唇細皮薄如粉紅色蟬翼，軟如菟絲花纏在女蘿（一種松蘿，典型的莖狀地衣，象徵陽具），見者無不顛迷！

古詩中，有一首無名氏之作：「冉冉孤生竹，結根泰山阿，與君為新婚，菟絲附女蘿。」

李白也有一首古意詩：「君為女蘿草，妾作菟絲花，百丈託遠松，纏綿成一家。」

閱讀兩首詩的意境，再體會磨菇頭被陰唇肉瓣包含、依附，焉能說不美哉？

保持光線，照亮最銷魂一幕

下次行歡時，務必選一個白天光線好，或打開燈光。

男生要做的事很簡單，刻意將勃起的龜頭頂入一些，被陰唇包含三分之一，三分之二還露於外。此時兩人低頭好好欣賞，香豔透頂，色到不行。■

034

風吹草動，
凡心大動

古怪地點刺激多

本招祕訣

「野外」親熱有好處：日光是最自然的春藥，嗅覺敏銳能增進性慾，溫度促進血液循環，可令男性睪丸素上升。廣義地說，踏出家門以外的地方，都能稱野外，換地點就是換心境，至少，你要離開那張床鋪。

這一陣子，泰國大眾運輸局對年輕人發出呼籲：請勿在公車內做愛！

經調查證實，近來泰國大學生多了一項癖好，挑選在公車後段座位胡搞。因泰國天氣熱，學生們還很挑呢，只選擇有冷氣的車廂嘿咻，特別是12號支線。

由於公車族不時抱怨，公車上不得不貼出提醒；但又不能寫得太白，只好繞個彎寫著佈告：「泰國女性應保存舊文化的美德。」

泰國是台灣人最常觀光的去處，不信的話，下次去曼谷旅遊，不妨在夜間部下課時段等候12號公車，親眼瞧分明。

顯然，在不時會被人撞見，有高度曝光危險的公車上做愛，比起在自己隱密轎車內「相好」的車床族還勁爆！但為何有人喜歡在公共場所做愛？不怕被路人甲、乙、丙、丁看見，或更糟被警察逮個正著？

英文中把這種現象稱作「caught in action」（當場被逮著），不僅沒讓人卻步，反而成為了吸引的因素。這些為愛愛不惜冒險，豁出去的男女認為在公共場所親熱，被撞見機率提高，全身自然警戒，

神經細胞會總體動員，「眼觀四面，耳聽八方」。當肢體的感官處於最高防備的狀態，做起愛來自然最敏感、最帶勁。

根據「Adam & Eve」情趣玩具公司調查，一成四美國人在辦公室做過愛。有沒有搞錯？辦公室耶！人類一旦發起春來，要他們上窮碧落下黃泉，幾乎都沒問題。

譬如，茶水間、洗手間、儲藏室、電梯、陽台等有外人可能出現的場合，反正當事人有天分，當賀爾蒙開始作怪了，絕對可以找得出地點。

《英倫情人》男主角雷夫‧范恩斯（Ralph Flennes）就與空服小姐，在高空的洗手間一見鍾情，擠入窄小空間內，演出好萊塢偷歡影片或A片才有的「特技」情節。

還有一處，倒是令人驚訝，大陸浙江省（距杭州80公里）的某段海邊，已正式開放裸泳區域，掛牌標示「男賓裸泳區」、「女賓裸泳區」。我想，越是如此標示清楚，越會有人走錯地方。

接下去我要說的，你猜到了吧。遠赴世界各地天體海灘去見識、去解放，入境隨俗把身上累贅衣物脫去，享受與天地、大海合為一的美妙滋味。

一輩子中，總要鼓勵自己試一次嘛，去天體海灘親身體驗。很多國家都有這類公開的海灘區，查查網路就有一串等著你「光」臨。

爽法祕術

根據專家說法，在野外搞一搞情慾，可是一帖管用的威而鋼哩。

但不要把「野外」定義過於狹隘，否則在山間小路邊車震，被活逮了，可不要賴給那位什麼許博士建議的。

據專家者言，「野外」親熱有好處：
第一，日光，最自然的春藥

《瀕臨高潮》（Getting Close）作者，也是性治療師吉塞林博士指出，許多接受日曬的人都有共同經驗——性慾上漲。因日光會壓抑一種導致性荷爾蒙不振的激素，使底下的部位比平常較易產生賓果反應。

麻省理工學院一項研究也證實，在夏日，太陽讓人們更有精力、雄性，甚至更具冒險一試的企圖心。

第二，春江水暖「鼻」先知

芝加哥「嗅覺治療研究基金會」海契博士指出，經過臨床證實，不管男人、女人在愉悅氣味中，都會增進性慾。而置身戶外，大自然的綜合味道，包括草地、樹皮、溼土氣味，對人的鼻子而言，宛如是一席豐盛饗宴。

高溫，往往使得人類嗅覺功能變得更敏銳，也更有機會嗅到伴侶身體散發的激情氣息。

第三，溫度促進血液循環，那話兒受惠

科學證據顯示，氣溫在攝氏18到28度間，男性睪丸素是最往上衝的階段。所以，熱帶地區男性居民，比起偏寒地帶男性同胞們的睪丸素更高。

英國《SKY》讓讀者現身說法，分享「野地苟合」的遭遇與心得，有的在芳香草地，有的在無頂上層巴士，有的在廢棄城堡。

連專欄作家也精心列出了十條建議，循循善誘，包括不要穿白色衣物，土黃色最佳；

確定合作的那一半也樂意；叫聲務必壓低，以及最重要的：不要被逮到！

第四，選定特殊地點，費煞思量

尼泊爾一位當地登山者，站上海拔8,848公尺最高處，一時雄心大作，脫掉衣物，裸體站立達數分鐘，榮登「海拔最高的一根冰棒」。

以前人們為了在聖母峰上締造記錄，多少都還謀個「人定勝天」，比方最年長（71歲）、最年輕（15歲）、第一位獨腳、第一位視盲，以及第一對在頂峰上舉行結婚典禮。

聖母峰上如此熱鬧，有人便打趣道，除了還沒人在峰頂上分娩，大概其他頭銜都被搶奪一空。錯了，還有在第一高峰上愛愛，紀錄等著被打破。只是到時，難以辨別新郎是對新娘太熱情，一根如柱，還是掏出來被冰凍的結局？

一對蘇格蘭剛訂婚的男女，實在慾火沖天，連短暫的分別都熬不住，非得在電話亭解決慾求。他們雖然被捕，卻癡心互相安慰：絕不後悔！下次還要再來。

第五，有些地方讓性幻想去

美國富豪奧爾森花費鉅資，如願飛上外太空，滿足他少年時希冀像超人飛翔的美夢，大呼過癮。

一些專家指出，這種富豪級享受將逐漸普遍，十年內可能將sex帶入遼闊的外太空，體驗無重心狀態中的美妙高潮。

《Sex in Space》作者預期，十年內一般人可望在外太空中度蜜月。他說人們可能推測在外太空的性行為一定叫人沮喪，情侶可能放棄（欲施力而不得？）。他否認這種說法，認為人們一向很有創造力，經過事先一些基本訓練，度蜜月的伴侶絕對能找出自己最適宜的「體位」。

「Space Island Group」企業集團計畫在地球軌道上，建立一個五百間房的太空站。他們指出，本來開設太空旅館的構想，是以為大家想去度個不同凡響的假期；但經過調查，得知其實人們真正欲上太空的理由，是想體驗無重力下的性愛高潮。

太空旅館剛開幕時，一星期住宿要花一百萬美元，他們希望2012年時，這個數字能降到24,000美元，讓更多人消費得起。

說的也是，身在九霄雲外，一邊看著壯麗地球，一邊挺腰喊嘿咻，還可隨意翻觔斗，那滋味一定爽high。畢竟，從沒人對著地球大喊過：「I am coming!」

為何有人著迷於高空做愛的想法呢？高海拔缺氧，血液擴張，當然影響陰莖勃起。有些男子旅行西藏、青海海拔較高地區，陰莖便頻頻勃起，射精時間也拉長。

所以，讓你或妳的性幻想更酷一點，明明在床上，卻想成在外太空。買一兩片新世紀CD，帶點宇宙星球的浩瀚旋律。假設你們正在無邊無際外太空行歡，這個「野外打炮」才真是舉世第一流。

第六，認清真正廣義的「野外」

「野外」不限於真的荒郊野外，廣義地說，離開一成不變的家，踏出家門以外的地方，都能稱野外。

當然更好的野外選擇，是布置別緻的賓館、度假飯店、風景區民宿。用意在於，換一個做愛已成鐵條定律的地方，心情立即好三分，剩下的七分，就看兩人那一晚如何消磨了。

但不管怎麼消磨，一定勝過在家習慣性地、情不自禁地上網、看電視、打電玩、聊電話。

人到了家以外的地方，應該沒別的科技玩意、小孩及家人打擾，乾脆看看星空、調酒對飲，或者夜遊，不管小倆口或老倆口談談心，恢復一下婚前的單身輕鬆回憶。

這樣，絕對有助降低婚後的單調記憶，重溫美好的舊日時光。

第七，起碼非變不可的地點

如果你都不方便去這些地方，至少，你要離開那張床鋪。

下次愛愛時，就選在以前從未做過的地點，如地板、洗衣機上、門板前、頂在牆壁上。反正，換地點就是換心境，換就對了。
■

035

湧出高昂
「性」趣

催眠，幫你扣下快感扳機

本招祕訣

把催眠應用在性愛方面，透過強烈暗示，重塑享慾的能力。記住暗示性指令，一邊配合愛撫身體，讓生理的舒服跟指令結合在一起。最好找專業催眠師幫忙，或請伴侶協助，亦可錄下指令自我催眠。

大部分的催眠，都在幫助人放鬆；但性愛諮商師伊莎貝拉‧芳倫婷（Isabella Valentine）背道而馳，偏偏要透過催眠讓客戶放鬆不得，甚且還會慾火騷動，性能量翻騰。

說起催眠，儘管有科學根據背書，人們始終對催眠好奇，喜歡穿鑿附會，催眠變成了跟魔術一樣神奇的玩意。在有些人眼中，催眠後身子懸空，就和魔術中演出的「脫身」一樣令人驚嘆。

如果有人突發奇想，把催眠與「性」結合起來，結果會是怎樣呢？發生在伊莎貝拉‧芳倫婷身上的真實故事，鐵定讓人對催眠驚聲嘖嘖。

伊莎貝拉‧芳倫婷就讀聖地牙哥大學，研習性愛諮商。在這之前，她擔任「電話性交」（phone sex）服務員多年，有一次客戶跟她反應，「妳知道妳的聲音充滿著催眠的魔力。」

她於是靈機一動，認真學習催眠考到證照，然後將催眠技巧與「電話性交」技術結合，形成一門新興行業。她自稱是「情慾催眠師」（erotic hypnotist），推出後備

受市場歡迎，她已服務過6,000通「情慾催眠」。

情慾催眠（erotic hypnosis）有其他別稱，如「情慾腦部管理」（erotic mind control）、「情慾支使」（brain enslavement）。

通常這類催眠師多是女性，被稱為「催眠女主子」（hypnodommes），她們的客戶往往是「想要被奴化」的男性，期待女主子以催眠技巧，幫他們實踐這種極隱私的慾望。

芳倫婷說催眠應用在性方面，有兩點重要原則：

第一，盡可能去滿足客戶的性幻想，這也正是催眠可以為性慾效勞之處。

第二，避免負面暗示，如「你的手腳漸漸變得沉重」，因越是這麼說，客戶會把該行為當作是一種挑戰，心想「我的手腳偏偏不變得沉重」。何況，對一些男性來說，「腿變得沉重」很接近「那話兒輕鬆不起來」的類比。

芳倫婷的客戶有男有女，男性的來意非常廣；但不論其性幻想為何，她從不流露驚訝，讓那些在現實生活中無法坦述情慾所好的男人們，有一扇母愛的發洩出口。

例如，芳倫婷的男性客戶中，有的就想體驗「小媳婦的女性角色」，渴望被支配、被凌辱。她反正都可以回應市場需求，從慈母搖身一變成嚴父。

女性客戶的要求則顯得浪漫得多，偏重於感情，譬如排名最頂尖的是透過催眠重返高中時代，以便溫習跟少女時初戀郎君的邂逅滋味。

累積那麼多的催眠經驗，芳倫婷指出有趣的現象，男性偏愛預約「新」時光，找尋一個新鮮的性伴侶；女性偏愛返回「舊」時光，尋覓一個熟悉的性伴侶。

如果你在網路搜尋「erotic hypnotherapy」（情慾催眠治療）或「erotic hypnosis」（情慾催眠），會找到不少人做著跟芳倫婷一樣的工作。

過去，電交為許多人尋覓到安全、私密的情慾出口，因為沒有實際肉體接觸，只有聲音滿足性幻想，因此不會萌生外遇或背叛的內疚。電交為這些人釋放了累積的慾望壓力。

現在，電交要加上催眠功能，如虎添翼，為人們提供更深層的慾望刺激。

在台灣，應該還沒這個職業，但抽取這門技術的精髓，或許自己練練也能有所體會。

認識簡單催眠原理

催眠為何廣受歡迎？因為受催眠者都是在催眠師指令下，亦步亦趨。過程中，受催眠者必須放棄「控制權」（control）。當自己不必作主，都交給催眠師發落，只有遵從的份，這種自願降服的感覺，在現實生活裡因我們不信任別人，根本不會發生。

只有在受催眠時，我們知悉催眠的遊戲規則：「受催眠者完全遵照催眠師的指示」，既然願意接受催眠了，等於同意按規則走，遂放棄主見，拋掉做決定的能力，這便是一種愉快的解放。

另一個實質好處，接受催眠者也一併把催眠師的指令灌注腦子，而那些指令都是幫助建立新的、有益的思考模式，藉此改變行為，朝解決問題、困擾、疑惑方向修正路線。如此，轉變為一個更有適應力、實力、行動力的個體。

把催眠應用在性愛方面，也是一樣的原理，透過強烈暗示，重塑享慾的能力。

扣下關鍵字眼的扳機

透過電話交談，催眠師會導引客戶一聽到某些關鍵字，術語稱做「扣扳機字眼」（trigger words），就會聯想到性慾的愉悅

上。

例如，芳倫婷在電話交談時，以撩起情慾的性感聲音，每提到一些字眼時，她就加強對客戶的聲誘（以聲音誘惑慾望），使之益加興奮。她持續誘導客戶牢記住這些字眼，以及伴隨字眼而來的聲誘獎賞。

等下次客戶一旦聽見這些「扣扳機字眼」，便自然而然有制約反應，產生興奮感。譬如說，芳倫婷已經把有些客戶訓練聽到水聲，就會激起性高潮。

誰來幫這個忙

基本上最好找專業催眠師，探詢是否有針對在性方面的催眠諮商，他們是理想人選。

不管什麼原因，你想自己來也可以。有兩種可能方式：請伴侶擔任催眠師＆自己催眠自己。

伴侶協助，意思很清楚，即邀請對方擔任催眠師，對你施以簡易的催眠後，下達暗示性指令。

自我催眠，不是自己一邊說暗示，同時一邊接受催眠。這兩種角色必須錯開，無法同時在一個身體內發生。因應之道，自行先口述錄音催眠師「該說的指令」，然後播放出來，聽著自己的聲音接受催眠。

但如果你有適合的朋友，也可請他們唸出你擬好的稿子，錄完音後，讓你私下播放，進行催眠。

催眠時該講什麼？想什麼？

【男性版】

以下是我請教一位領有證照催眠師友人，她聲明「用這些方法成功解救了好幾個男人」。這是大概原則，你可以自己繼續發揮。

催眠時，想像自己是一顆樹。如果是伴侶幫忙，那就由伴侶下指令：「你想像你是一顆樹」。

催眠中，想像自己（或催眠師角色下指令你想像）身體變成一塊延伸的大地，陽具是一株樹苗，慢慢長大，越來越高，越來越挺拔，越來越硬，屹立不搖。

聽見讚美陽具時，必須配合愛撫動作，使陽具感到愉悅。

告訴自己：「每次我碰到陽具，就會變成一顆堅挺的大樹」。如是伴侶出言，便說：

「下次如果我碰觸你的陽具，你就會變成一顆堅挺的大樹」。

【女性版】

女性的性功能障礙，多來自心因性，也就是心理因素影響性歡愉。而無法放鬆地享受性愛，是女性高潮的頭號殺手。許多女性在性愛過程中，無力擺脫教條、傳統成見、不悅經驗，催眠正是最迅速且無害的放鬆方法。

催眠時，告訴自己：

「性需求是人的本能，不必有罪惡感。我需要性的滋潤，就像我需要食物餵養，如此天經地義。」

「但充分享受性愛，並非與生俱來的能力。它是需要學習的，我現在就在學習『對我享受性愛有助益的方法』。」

一邊聽自己事先錄好的聲音催眠，一邊配合愛撫身體，讓生理的舒服跟「以上提醒」結合在一起。

如果是伴侶幫忙催眠，一面講指令時，一面需給予女性親密按摩、愛撫，加深她對自身愉悅的安全感、確認感。■

036

卡哇伊，
裙下歡迎參觀

偷窺的藝術與技術

本招祕訣

人類對裸體有觀看興致，窺視下體又更具蠱惑力。不妨和伴侶玩起「成人版的偷窺家家酒」，兩人其一扮客倌，另一扮女侍。女侍短裙下可選擇不穿或穿小內褲、丁字褲，客倌則以小鏡子對準焦點，從鏡面上偷窺。

當日本女侍端來飲料時，男性客人正忙著低頭，專注瞧著吧台，好像前面擺著一疊黃金那般吸引人。

這些客人到底在看什麼東西，這麼全神貫注啊？原來吧台桌面設置了一塊螢幕，當女侍一走近，透過角度剛好的暗藏攝影機，螢幕上立即顯露她們的裙下春光。

每位男客人都猴急地想：此時不看，更待何時？

但別誤會，人家可不是在搞很沒品的偷拍、偷窺勾當。這樣的場景發生在東京新宿區「Pan Kissh」咖啡館，是店家招攬生意的花招，美其名「內褲咖啡廳」（panty cafe）。雖為偷窺，卻名正言順，雙方歡喜甘願，反正付費就「分你看」。

這種功能的酒館或咖啡店，有一個專有名詞「panty flashing」（內褲走光）。

在公共場所偷拍女子裙底風光，在日本A片裡屢見不鮮；但觀眾也弄不清楚被拍對象知不知情。她們究竟是影片公司安排的演員，或是出動怪叔叔到處偷拍受害人？

日本生意人眼見這類A片銷路長紅，察覺人性中的偷窺好奇「野火燒不盡」，與其

自欺欺人裝作沒有這種癖好存在，不如正視它、接納它、開發它、管理它。

於是業者開始作業規劃，將酒吧設計成偷窺的曖昧情境，並言明在先雇用出於自願的女侍，讓花錢的、賺錢的，雙方都開心。

比方，女侍奈繢說如果客人要攀談幾句，她們也會湊得更近，將手臂抵在吧台，身體向前傾，讓制服裙底下更加走光，配合度十足。

多付一點錢的客人，還可租到一支手電筒，照見獵物的黑靶心，看得更分明。

池袋的「Fetish Kissa Chirarism P」咖啡店，也同樣提供「暗藏攝影機的偷窺」消費。在歌舞伎町的「Panchira Café and Bar Maidol」則訴求另一個賣點，它保留偷窺的原味，在吧台下方裝置鏡子，等女侍端飲料近身時，會將一隻腳踩高一點，窺視鏡子會反射裙底風光，讓客人自己去練眼力。

「Panchira Café and Bar Maidol」走攝影機科技尚未誕生的古早味路線，生意也很好，顯然懷古的人真不少。

這一類酒吧、咖啡店最早興起於80年代末、90年代初，當時女侍裙下都沒穿，叫做「無內褲咖啡店」（No-underwear Coffee-houses）。它們歷經了泡沫經濟的衰敗期存活下來，只是規模變得較小，但也較色情化。

以前裙下空無一物，現在則轉型為多一條小內褲，陰部縫兒有時會夾住內褲，形狀更凸顯，反而比全裸更激情。

平常吃日本料理，一進門店員立即齊聲喊「irasshsimase」（歡迎光臨）。來到偷窺店，很多改喊「Chirasshaimase」。因為字首「chirarism」在日語中，代表快速地暴露一下胸罩或內褲。

有偷窺癖的人，現在只要一聽到「Chirasshaimase」的招呼語，魂都快飛走了。

不過，要先搞清楚，在這些店內只能看，不能動手摸。

偷窺，不見得是每人的「cup of tea」，不過有此癖者也絕不在少數。對這些人來說，日本的偷窺酒吧既能滿足性癖；更重要是，也不侵犯他人，窺與被窺，皆大歡

喜。

有客人表示當偷窺到卡哇伊小姐裙底下薄紗蕾絲邊內褲時，他們第一次感覺興奮莫名，又不必扛著沈重罪惡感，這滋味真太美妙了。

男客們每晚出入在這類酒吧，練膽子、練眼力，練搭訕、練靈機一動，該練的可不少。

也許，女侍在你面前脫得精光走動，你還不是那麼強烈愛看呢；但因透過鏡子或螢幕去偷窺裙下，想瞧個分明有些難度，這樣玩起來才過癮。

維多利亞時代民風保守，人們的慾望越被禁錮，越想衝破鐵幕。今日，那麼方便有女侍裙下可導遊，以前人們的偷窺慾說來不可思議。當時，這種行為稱為「Furtling」。

要了解它，非得有想像力。這是指在一張人像攝影或圖片（通常是暗戀的對象或欣賞的偶像），將胸部、臀部或陰部等部位挖個洞；然後以自己的手指或掌心，緊貼住那個洞的背後。

大功告成了，從正前方看，就會看到影像中人的胸部、臀部或陰部有一層真實的皮膚，頗似真的在觀看裸體，藉此滿足慾望。

所以，現代人應慶幸活在今日，已開拓出那麼多的情色資源，無須那麼辛苦在圖片、照片上挖洞，填充肉色。

「Furtling」聽起來有點辛酸，對照下，現代人連偷窺都可以花小錢，理直氣壯地觀賞，實在真幸運！

人類對裸體有觀看興致，窺視下體又更具蠱惑力，像日本酒吧這種「明著來」，以女侍裙下風光為生意招攬，倒是誠實又實用。

親自走一趟，眼見為憑

男性單身漢下次旅遊東京，不妨去這些酒店家、咖啡店走一趟，人生有些樂子，起碼要作一次，特殊口味嚐一口都好。

但根據情報，這些店家只開放給說日本語，或有當地日本人陪伴的客人。若你不會說日語，就得設法請日本友人帶你去見識了。

一般行情是進場費索價3,000日圓，戶外的廣告招牌寫著漢字「究極喫茶」，「究極」字面上似乎意味探究到極致的地步，引人遐

思。例如：

- Fetish Kissa Chirsrism P
- Pan Kissa
- Panchira Café and Bar Maidol

有趣的是，「Fetish Kissa Chirsrism P」曾有個挺有趣的網址「http://pppppp.jp」，這裡「p」字母，是「peep」（窺視）的簡稱，一連串六個，彷彿表示非讓你偷窺到夠本為止。

在家自己扮演，客倌與女侍

想享眼福，不一定非到這些店，同樣的構想與場景，也可搬回自己家，或汽車旅館等室內，和伴侶玩起「成人版的偷窺家家酒」。

兩人其一扮客倌，另一扮女侍。遊戲規則「抄襲」上述的酒店、咖啡店，女侍一開始向客人彎身鞠躬，殷切地喊「Chirasshaimase」，撩起氣氛。

女侍短裙下可選擇不穿或穿小內褲、丁字褲，故意裝成端飲料湊近，一腳踏高，讓兩腿間有明顯空隙。

客倌拿出事先準備的小鏡子，對準焦點，

然後從鏡面上偷窺。

　　鏡子，是很好的情趣助興品。除了玩偷窺裙下遊戲，即使在做愛時，也能施展長處。

　　平常做愛之際，自己是當事人，很多精彩激情畫面無法看見；但使用中型有支架、可隨手移動的鏡子，例如放在床頭櫃，調好方位，就能窺見陽具在陰戶抽送的新角度畫面，豈不快意哉！■

037

電交，
聲聲催人脹

聲音交媾的魅力

本招祕訣

電交能夠逃脫現實，進入虛擬性幻想。首先布置舒適的空間。通話時鼓勵自己盡量大膽講肉麻話。話不必講急，善用「濕」字訣，並把自慰的細節說給對方聽。達到高潮時，一定要好好哼給對方聽。

A：「告訴我，寶貝，妳現在穿什麼？」

B：「嗯，討厭，怎麼問人家問得這麼白？」

A：「說嘛，是不是很緊身的那種？我猜對了，妳就脫喔。」

B：「咦，你那邊偷看得到嗎？好，那我脫掉了。」

A：「剩下胸罩嗎？是什麼顏色？我猜是淡粉色？」

B：「唉，哈，你猜錯了。我裡面什麼都沒穿！」

A：「所以妳剛才穿緊身衣時，看得到奶頭形狀？」

B：「對！又圓又挺，像兩粒汁很多的甜櫻桃。」

說起電交，有些人就愛像以上這樣火辣對話，覺得它很能勾引慾望，跟想像力完美結合。

電交，又稱電愛，乃利用室內電話、手機、MIC傳播聲音的工具，以煽情挑逗的聲調、話語，模擬性愛，互相訴說鹹濕內容，炒熱氣氛，往往以男人達到高潮射精

終結。

根據《科夢波丹》調查，85%男人都希望女人能跟他們來一場鹹濕的電話交談。男人們很想試試看利用電話不見面的「隔一層屏障」，較能拋出彼此的底線。例如有些當面不好意思講的主題，可能在電話中就敢開口，突破原有的心裡尺度了。

電交所以吸引人，在於逃脫現實，進入虛擬性幻想。「你猜我現在有沒有穿？」男人撥性愛熱線，一聽到甜美女聲，幻想力都活躍了，心想這聲音該配何種臉蛋、身材？她若有穿，是丁字褲或蕾絲透明內褲？若沒穿，是雙腿交叉或「門戶洞開」？

這樣一邊想著，一邊精蟲鳴槍起跑，某處立即脹大，比服春藥有效。

夫妻、情侶絕非電交的拒絕往來戶，兩人即便熟悉，也應鼓勵玩一玩電交，為情慾開闢新的捷徑。

但致命傷出現了，彼此可能心想：「都這麼熟了，有啥好講」？務必改掉這個觀念，難得心情好時，柴米油鹽暫放一邊，就算做不來電交，也該利用通話「撒奶一下」，使親密關係維持溫度。

爽法祕術

自己先進入狀況

首先，要確定你所在的地方足夠隱密，不會突然被打擾。

氛圍十分有影響力，電交前，請布置舒適的空間。例如，把燈光調暗，若不是微調型電燈，則可點亮蠟燭，以火光營造浪漫。

並且，考慮到舒服的坐姿，以及手持話筒的舒適感，因有可能佔用一段時間。例如，要挺身坐的椅子就不適合。

更講究者可準備一杯紅酒，讓自己心情先high，才有本事去感染對方。

勇於分享性幻想，記牢「提詞」

誰都打過電話，知悉它的特性，就是中間隔著距離、不見面，給人有保障的安全罩效果。

電交，正是利用這個好處，讓雙方有勇氣分享內心深處的性幻想，而不會感到羞怯。

往往肉體上發生親密關係的人，反倒不太去開展心理的親暱與情慾。這其實不是「能不能」，而是「習不習慣」的問題。

幸好，電交彌補了這個缺口，讓雙方有機會去習慣內心的親暱。不見面時，靠著一條電話線，光用言詞一樣可允許人撒嬌、耍傻、扮天真、裝可愛、賣弄性感。

如果你自認新手，不知從何種話題下手，一般都是以「你現在穿什麼」當提詞，或「我希望現在妳就躺在我身邊」當開頭。

以問句當開場白也不錯，如詢問對方：「妳渴望怎麼做？」。

但基本上，女生比較害羞，最好由男生開前導車，由他提詞：「告訴我，妳穿什麼樣的裙子？」「妳現在可以脫下來嗎？」

女生也別作悶葫蘆，適時給回應，即使「好」、「對」、「喔」，都勝過噤聲。電交是唱雙簧，不是獨腳戲。

女生如一時不知如何答腔，乾脆發出濃厚的喘息聲，偶爾喉頭開放幾聲呻吟，撐到想

出對白為止。

還有，女生也勿故步自封，永遠被動；當妳覺得有feel起話題時，就放膽去講吧，那樣的效果會加乘。

專家建議，既然靠嘴皮子，而無視線助陣，那雙方怎樣脫衣服的動作細節，能描述得越清楚越好，給對方提供一幅畫面意淫。

多看網路故事，練習描述技巧

專家分析電交時只聞聲音，看不到人，如同眼睛突然盲了，使視覺以外的感官更敏銳，難怪電交者覺得比做愛過癮。

當面不善表達親暱的人最該勤練電交，當通話見不到對方時，鼓勵自己盡量大膽講肉麻話。電交必須「以說話代替畫面」，故平時也得花功夫收集詞彙，練習描述東西、說故事的能力。

平常訓練自己用哪些字眼形容脫衣服，最為傳神？由於對方看不見，通話者必須詳盡地描述，自己是如何一件一件脫掉的過程。

詞窮時，記得趕快祭出法寶：用問句，可以應急！

如「你想要親吻我的乳房嗎？」或「我用妳脫下的絲襪把妳綁起來，妳說怎樣？」一搭一唱，才有戲感。

現在網路發達，這類電交的故事不少，可上網搜尋，下載成為你的「談話資料」。以此作藍本，稍加潤飾、增刪，便能富豐富你的電交內容。

音調「變身秀」，多鼓勵多寬容

電交的最佳音調，要比平常的聲音再低沉一些。話不必講急，慢慢地說，因挑逗的口吻，從來不會給人催促的感覺。

當對方做出你要求的動作時，別吝惜鼓勵或致謝，讓氣氛更親切友善。

除非是雙方都有笑意，不然千萬不要單方面笑出來，尤其在對方提出一些你未必認同的事情。畢竟，這是鹹濕級的成人對話，你情我願，無須那麼嚴肅，當聽到自認可笑的事，就識相、仁慈一點，放對方一馬吧。

噗哧一笑，電交就破功。

善用「濕」字訣，大開色戒

濕，這個字就是有本領讓人想入非非。試想，一位女生上班途中突逢下雨，衝進辦公

室，男同事關心地說：「雨下那麼大啊，妳都濕了。」此話一出，想必男同事會立即發現失言，兩人可能都糗。

正因如此，「濕」字是閨房床褥最叫人禁擋不住的「宇宙超級無敵字眼」。如果老婆、女友或有好感的女人，甚至是0204接線生說：「人家都濕了」，對男人而言，比講一堆情話更具威力。

其他雜雜碎碎的甜言蜜語，就像機關槍掃射，時常只淪為亂槍打鳥，半隻也沒打著。但「濕」可不同了，它是一管迫擊炮，落地處方圓之內全面中彈。

男女調情，能不能挑好的字眼使用，相當影響到挑起的情慾程度。當男生溫柔地問：「妳下面濕了嗎？」真的很少有女生，能擋得住男人這招「一句訣」攻勢。

莫忘電交目的，雙方都自慰

電話交談鹹濕話題，雙方見不到臉，什麼淫態都可盡量使出，當成是成人間的遊樂。

兩人講到那股騷味出來了，就可各自手淫，以真實的哼腔，感動對方。然後，重頭戲是雙方都以話語，把自慰的細節說給對方聽。

雙方最終的目的，係透過電交，讓互相都陷在一種激昂的烈火情緒中，一邊以說話催促，一邊以自慰犒賞自我。達到高潮時，是電交的重頭戲，不管叫春或呻吟，一定要好好哼給對方聽。■

038

砸你滿臉豆花
才叫爽

WAM叫人又怕又愛

本招祕訣

砸派或是WAM，皆能直接強化視覺、刺激食慾飽
足感，還可滿足破壞慾望。身體可以塗抹的部位，
以及各處性感帶（陰唇與陰核除外）皆可體驗。不
管可食或不可食，都絕不能塞入陰道、肛門等處。

《美國派》是一部賣座的青少年主題電影，其中有幕戲，青春期男主角竟把陽具戳進一個熱暖暖的水果派，進行自慰。

水果派與sex，存在著一條神祕的食物鏈，要解開這條謎，必須先知悉什麼是「砸派」。

你一定看過新聞，目睹一些赫赫有名人士如比爾‧蓋茲、安迪‧沃荷，被人迎臉而來砸一個派，應了我們日常口語常講的「滿臉豆花」。

砸派對象如是公眾或政治人物，通常都牽涉「政治訴求」或「政治示威」意涵。

但牽涉到政治，比較無趣，本書要講的「砸派」，是一門無關政治的純情慾遊戲。

也許我們一般人還不曾玩過砸派，但慶祝生日時，不少人有拿蛋糕表層奶油塗人臉龐、或被塗的經驗，搞得哄堂大笑。

你以為這只是單純的與君同樂，是吧？其實整件事是有內幕的，根據專家研究，裡頭居然有奇異的慾望糾葛。

這種慾望，在性愛心理學中稱為「砸派」（pie throwing），典型代表動作是將整

盤派擲到對方臉上，屆時一見花糊糊的臉蛋，出手砸派的人便爽孜孜，大感亢奮。

在電影裡，將蛋糕、派砸在人臉，並不是陌生情節。但可能出乎一些人意料，在現實生活中的私人派對上，或小倆口的尋歡作樂場合中，這種「不會製造災難後果，卻有災難效果」的行為，還頗受人們歡迎。

《非比尋常的性行為百科全書》（Encyclopedia of Unusual Sex Practices）指出，有一位自稱「派臉麥克」（Pieface Mike）的男子在8歲那年，開始喜歡與同齡小孩玩扔派大戰，18歲時更意外發現新大陸，覺察到被人扔派在臉上，竟能激出類似性慾的高潮感受。

從此他在性交過程中，一定非有水果派助陣不可；後來他還發展成一門表演內容，四處公開演出，將之命名為「性愛派」（piesexual）。

「派臉麥克」以為只有少數人像他一樣迷上這種遊戲，結果不然，竟有許多人喜愛在公開場所玩扔派，樂在其中。通常「派臉麥克」會出現在俱樂部或藝術聚會中，直接走向人群，邀請女性們將他奉上的派丟擲在臉上，多數都接受了他的要求，而且流露興致勃勃。

麥可進行的慣例，是請那些女性將派捧到他面前。她們有點怯生生靠近，鼓起勇氣整個罩上去，一邊說：「先生，這是你點的派！」當派沾上臉時，女性們都會左右上下抹一抹，好似用派為麥克做臉部按摩。

當那些女性扔完了派之後，「派臉麥克」說他十分享受她們發出銀鈴般咯咯笑聲，以及她們所作的評語，像是「哎喲，我的天哪，真好玩！」或「嘻，簡直受不了，這太那個了！」。

雙方因此各取所需，不亦樂乎！據「派臉麥克」統計，兩年之間，他就免費「吃」了700盤派，差不多一天一盤。

好端端的派不吃，卻拿來砸人，豈不可惜？才不咧！一想到它可以助長性慾的神奇妙用，誰還在乎去吃呢？

照專家解釋，砸派涵蓋了期待（anticipation）、傷害（vulnerability）、羞

辱（humiliation），這三種元素加在一起成「鐵三角」，所向無敵刺激了性高潮。

玩砸派，當事人期待淘氣的下場即將爆發；並且藉此使點壞，造成些許無害損傷；至於差辱心理，則是人類性事最不可或缺的糾纏，人有時越遭差辱，潛在的慾望就越攪動。

平常這三者中任何一種，應用不當都會闖禍；而唯有砸派，才能把這三種元素湊齊，且不會有嚴重害處，因此砸派大為風行。

爽法祕術

不管是砸派，或下面將介紹的WAM，重點都放在搗碎食材，玩起「食物泥巴戰」，而非放在吃。太有潔癖的性，終會失卻吸引力。「dirty」和「sticky」（黏搭搭），兩者是奇妙揮發劑。

玩WAM，食材盡出

「砸派」僅限於砸人水果派，但「WAM」（wet and messy簡稱）所指的「潮濕、亂泥狀」，範圍更大，還包括被水潑濕透，以及任何液體，不可食性如：刮鬍膏、濕泥巴、水彩顏料、油漬、泡沫等；可食性如：食物、果汁、糖漿、布丁、果凍、果醬、花生醬、巧克力醬、番茄醬等，凡能造成身體曲線畢露，產生貼身或出浴效果，或凌亂不堪

的結局，都涵蓋在內。

「WAM」之所以能在色慾上聚集粉絲，因能直接強化視覺，使「若隱若現地露，比全露還煽火」的暗示，變成明示畫面；另外，玩弄液體化的食物，碎之擲之，沾之黏之，也刺激了幼年口腔期的食慾飽足感，使愉悅記憶再生。

如此，視覺、味覺雙管齊下，難怪有些人招架不住了。

凌亂不堪，有什麼好玩？

某個程度，人們都有「破壞點什麼」的一股慾望，但從小就被約束不得造次，所以衣裝要整潔、身體要清洗、不要邋遢等。

「WAM」剛好逆其道而行，破壞教育規矩，這門遊戲允許玩家以上述材料，玩得全身既不乾淨、又不整齊，享受到「小小破壞狂」的滋味，大呼過癮。

移駕浴室，武當大戰峨眉

一般男女不敢玩「WAM」，都是擔心弄髒床鋪、被單，或臥房環境。再者，也會擔憂汁液中有糖份，玩起來全身黏搭搭，一定不舒服。

這些顧慮都好解決，小倆口只需移駕到浴室，利用浴缸，一切迎刃而解。

置身在浴缸裡，玩砸派、丟奶油，不管玩到什麼程度，水龍頭就在一旁，感覺黏膩時，隨時可以用水清洗，因此盡量玩，不用在乎如何收拾善後。

不要一下吃重口味，從蛋糕裝飾奶油玩起，抹一把你的臉，塗一道我的臉，互相尖聲驚叫。不要一下就玩砸派，必須有夠多的抹奶油經驗，才能升等到巧克力醬、果醬、糖漿，最後才是砸水果派。

汁汁水水的，要往哪裡去？

身體可以塗抹的部位，包括臉部（小心眼睛）、胸部、背部、小腹、屁股，以及各處性感帶（陰唇與陰核除外，其餘皆可），如耳後、耳垂、奶頭、嘴唇。

如果使用的是可食性材料，塗在這些部位之後，還能進一步地張開嘴吸舔，有香甜味、有果汁味，嚐起來心情愉快。

玩家素臉出場，眼鏡等作壁上觀

既然要玩「WAM」遊戲，那就不用費心化妝了，素顏即可，反正可能變成大麻臉。

為了安全起見，記得把眼鏡、隱形鏡片、鼻環、唇環、眉環、奶頭環、肚臍環、陰唇環、陰莖環等事先摘除。

男女性器官接受度不同，另眼看待

上述的「身體佳餚」、「身體點心」雖動人，但唯獨有一處不能「接受招待」：女性陰部，若直接接觸到「WAM」各種流質，萬一滲入陰戶，是一件麻煩事，甚至可能導致發陰戶炎。

男生的性器官，盡量避開馬眼，其他如龜頭冠狀、陰莖、陰囊、會陰都很適合被汁液拿來製造皮膚的刺激感。

區分可吃與不可吃，不一樣的發揮

「WAM」的素材中，區分為可吃類、不可吃類。

可吃類如巧克力醬、軟綿綿的奶油蛋糕，應多往嘴唇附近抹。被塗抹者不小心或刻意吃進肚子去，皆無妨。

不可吃類如水彩顏料、泥漿、洗衣粉泡沫等，就得小心避開容易滲入體內的部位，像眼睛、嘴巴。不管可食或不可食，都絕不能塞入陰道、肛門等體內入口。

玩可食性材料時，如將奶油、水果蛋糕或夏天多汁的紅肉西瓜更好，比賽互塗臉上。這像小孩子玩泥巴戰，閃來躲去都沒沾上，會很有成就感；萬一被砸到或塗到，則很有刺激感（哇，中獎了）。

玩不可食材料時，如可拿來作身體彩繪顏料，以刷子在奶頭、陰莖塗色，在肚臍眼塗一圈圈箭靶紅心……。當刷子在皮膚上刷過，軟中帶硬的毛會給人怪異的搔癢滋味。還可用手指沾顏料，在對方身體寫字、畫圖，比方畫奶頭顏色時，亦能趁機捏捏奶頭。

滋味新鮮，只賜給勇於嘗試者

WAM口味較重，但假如你的性愛生活，一向保持乾淨清爽，偶爾來點「亂七八糟一團黏」的經歷，宛如突然宣佈放假，會有意外驚喜。起碼，鼓勵自己試一次。

上面所舉的例子「派臉麥克」，雖是男生被砸；但偶爾換成女生被砸，也挺夠刺激，女生們，接下這帖戰書吧。■

039

舉「Ａ」反三

從A片找床戲靈感

本招祕訣

性愛若只靠生理衝動，總會玩到變不出花樣，A片則不失作為刺激靈感的媒介。有些片中演員示範的情趣玩法，不妨取來借鏡，啟發想像力，豐富現實生活中的床戲。也有女性拍攝的A片，女性觀眾亦可試試。

我看過一部A片，一家都是外星人，不管男女的外觀皆與人類無異，唯獨有一項差別，都有一顆高聳的尖錐狀蛋頭。

外星球男人除了以性器官做愛，還會搞出令觀眾瞠目的新花樣，竟低下頭去，把蛋頭的尖錐體當成下體；一面轉著頭，一面去頂弄女外星人或女地球人的陰戶。

「傑克，這簡直是太神奇了」，看她們那副樂不可支的模樣，觀眾不禁在想像：哇，粗粗圓圓，肉肉實實……，那是甚麼滋味啊？

看A片，是全球許多成人打開私人電腦，最想做的事之一。近年來，A片的質量也都有了顯著進步。

光算網路A片收入（不計算影碟發行），一年已高達90億美元，難怪各方生意人都以出色作品打入A片市場。

A片圈是一批生意嗅覺靈敏的狼豺虎豹，搶食市場動作快捷，看到「肉」就興奮；但A片也具有點子快、開發新穎玩法的優點，跟時代緊緊相扣，下面就是一例。

高爾夫球王老虎伍茲爆出婚外情醜聞，八卦雜誌搶成一團，A片當然也不閒著，

「Adam & Eve」影業公司將開拍一部新片，就叫做「Tiger's Wood」。

瞧他們連片名都取得多巧思，把伍茲本名只調動一個S的位置，就把這場驚動世人的世紀婚外情醜聞一語道破：「Tiger Woods→Tiger's Wood」，從老虎伍茲的名字變化，成了「老虎的那一根」！

A片工業近年透過網路，行銷更快更遠，幾家大廠牌的品質，包括演員素質、劇本要求、出奇創新不斷提升，腥色程度更上一層樓。

《Star Trek：Next Generation》（星際聯邦）是一部深受歡迎的電視科幻影集，A片界也推出一部科幻背景，僅一字之差：「Star Trek：Next Penetration」。「Penetration」一字指「插入」，那你就知道內容可能是什麼了吧？

連轟動一時的《Twilight Zone》（陰陽魔界），也都出現A片版「This isn't Twilight：The XXX Parody」。

《X檔案》是美國橫跨90年代的熱門影集，一家成人娛樂公司剛宣布將出現《X檔案》的X級版，使其「X」更有「X」的味道。

在這部模仿《X檔案》的A片裡，男主角穆德、女主角史卡利一樣活躍；不過這次將會由成人片明星擔綱，同樣地，也是捲入神祕事件，一路探索真相。

目前新劇本雖未出爐，但已透露會有一場在某個科幻祭拜儀式中的大雜交、在後巷裡的3P。

爽法祕術

不要小看這種情色工藝，文化歷史學家指出，近代每一種藝術的媒材最早都是用在情色工業，如相片、電影、錄影帶、影碟、網路，一關一關下來，皆源自人類對情色的需求，才不斷催促相關科技進展、突破。

任何事情都有好與不好的一面，端看如何運用，A片亦復如是。在網路A片容易搜尋的今日，我們不利用A片能夠帶來的正面好處，殊為可惜。

性愛，若只靠生理衝動，總會玩到變不出花樣；這時就得做做功課，尋找靈感刺激的來源。

A片則不失作為這種媒介物的功能，有些片中演員示範的情趣玩法，不妨取來借鏡，啟發想像力，豐富現實生活中的床戲。

推薦**Top 20**片單：

歷來最賣座的20部A片洋洋灑灑，第一名Flashpoint（你所能夢想最棒程度的A片）、第二名Award Winning Sex Scenes（精華集錦），第三名Pirates（A片史上最磅礡之作）。千萬求求你不可錯過，不然其他A片都算白看了。

其中2005年發行的Pirates，雖擺明了炮製強尼・戴普主演的《神鬼奇航》；但漂亮寶貝扮成海盜這點子就挺吸引人，何況它是有史以來斥資最多的A片，超過一百萬美元。

我想很多男人看了這部片子，不禁要對A片工業肅然「起」敬。

以下Top 20從第一名列起：

Flashpoint

Award Winning Sex Scenes

Pirates

Tera Patrick's Island Fever

Island Fever3

All Star

Virtual Sex With Jenna

Briana Loves Jenna

Bed Wives

Jenna Jameson is Masseuse

Virtual Sex With Tera Patrick

Fade to Black

Ancient of the Kama Sutra

Fishionistas

The New Devil in Miss Jones

Flesh Hunter

Kelly the Coed

Space Nuts

Deam Quest

Erotique

推薦十大經典片單：

我相信也有人口味傾向於欣賞經典，以下是經過專家挑選的十大經典、錯過了可惜的A片（按字母排列）：

1. Behind The Green Door.（1972）

2. House of Dreams.（1990）

3. Insatiable.（1980）

4. Marriage and Other 4 Letter Words.（1974）

5. The Opening of Misty Beethoven.（1976）

6. The Private Afternoons of Pamela Mann.（1974）

7. Shock.（1996）

8. Taboo I.（1980）

9. Talk Dirty To Me I.（1980）

10. Three Daughters. (1986)

這十部可能都有些年代了，但所謂經典，常是質感經得起時間考驗。如果有興趣的話，在A片網站「Adult Video Universe」找得到這些片子。

有一部電影雖非A片，卻有A片的激情效果，也值得推薦大家欣賞。它是被稱為「英國影史主流電影最露骨之作」的《情慾9歌》（Nine Songs），改編自法國小說《Platform》。

當初，導演麥克‧溫特波頓（Michael Winterbottom）在考慮拍片時自問，「性愛在文學和藝術領域中，若能被發揮到相當程度，電影難道不能跟進，甚至表現得更深廣嗎？」於是，下定決心拍攝這部尺度不輸給A片的院線檔影片。

啟發想像力

舉個例子，在一部國產A片《金瓶豔史》中，扮演妻妾者被五花大綁，身子呈現「大」字。男主角西門慶垂涎，顯得性致勃勃，拿起一根大毛筆，用肥厚而軟綿綿的毛刷部位，輕拂在女人乳房、大腿內側、陰核與陰唇，樂得她淫浪一波接一波。

另有一幕，女人赤條條坐在西門慶胯間，上下挪動身子，自行抽送。她在移動身體同時，還一邊扶著磨米石的那根木樁，身子跟著打圓圈，帶動夾著陽具的陰戶也在旋轉，讓西門慶無限快活。

第一幕戲，啟發我們依樣畫葫蘆，買乾淨的毛筆、刷子，或試試軟毛的牙刷，不管是乾刷或沾著水，刷在身體敏感部位，都是挺新鮮的調戲法。

第二幕戲，現代雖無磨米石與拉椿，但可仿效其精神。採取男下女上體位，男性上半身躺在床沿，膝蓋彎曲，雙腳著地。

床旁放張椅子，女性可扶住椅背穩住重心，下半身像那場戲一樣轉圈圈。陰道便如轉軸般磨著陽具，男女性器官都會被刺激到新的角度，感受不同於以往的快感。

餘例類推，舉「A」反三，不是所有A片花樣都值得模仿；但善於挑選，還是能找到激發你想像力的火花。

看對A片，賺到額外好處

根據荷蘭一份研究報告，在醫院取精室裡，如果讓捐精男士一邊看A片一邊自慰，較無焦躁，性慾也較高，陰莖更堅挺，高潮較持久。

更有意思的研究報告出自西澳大學，進化生物學教授萊福‧賽門斯（Leigh Simmons）發現，並不是任何一種A片的效果都一致；也就是說，A片的內容居然會影響到精子的品質。

賽門斯指出，如果想讓精子頭好壯壯，最管用的是去看兩男一女的A片。

這是有進化論基礎，因男性觀眾看見女主角跟兩位男子，在同一場畫面裡輪流交媾，腦子自然產生競爭壓力。他希望自己後代在這一場兩男爭奪戰中，能有更大機會生存，腦神經因此下一道訊息通知生殖系統，使精子分泌量更多，且把最健康的精子優先安排在發射部隊裡。

在這種腦部指令催發下，他所射出的精蟲比平時更有游泳的力道，能一馬當先。

喜歡的話，也有女性拍攝的A片

「與其費力拔光一堆爛雜草，不如好好栽種一蓬好花，給大家瞧瞧」，這是一句女性喊出的比喻，反映A片在女權主義世界中今非昔比的演變。

2008年浩大舉辦第一屆「女權主義A片大賽」。以往，女性主義詛咒A片物化女性，專門滿足男性觀眾，只有區區數種口味，以及一成不變的觀點。

她們認為在這類影片中，無法看到女人怎麼想？怎麼達到高潮？但是當女性參與影片幕後工作，就可加入自己的歡愉觀點。

第一屆女權主義A片獎頒發十一個獎項，評審標準放在哪些影片最能描述女性的享樂？最能表達高潮時女性的身心真相？其中最重要的一項訊息，即影片女演員並非都必須像以前那種大肉彈，許多演員是一般模樣女性，顛覆了傳統A片女主角模型。

就像知名的出席女導演特里絲坦（Tristan Taormino）所說，這場影片比賽宛如成人影片中的「心靈獨立獎」。

女性觀眾過去總嫌A片是為男人而拍，因此不喜。現在有了女人以自身觀點、樂趣角度拍攝的A片，實在不妨給自己一個機會試試看，說不定真的也會從A片中享受。■

040

她是我「躺妹」，他是我「躺哥」

叫聲暱稱撒撒嬌

本招祕訣

為自己創造多一點的親暱感覺，就從暱稱開始。如果是剛進入親密關係的情人，叫暱稱會有速成之效。假如你們是老夫老妻，偶爾噁心一下，口氣更親熱一些，雖可能惹來一記白眼，但其實對方心裡可甜著呢！

初聽「躺妹」，是去苗栗南庄踏青時，我遇見一位原住民青年介紹身邊的女生：「她是我的『躺妹』」。

我乍聽以為是原住民講「堂妹」的特殊口音，後來聊天時，他說她是老婆。

我納悶地問：「你不是說她是你堂妹嗎？」他笑嘻嘻回答：「她是我『『躺妹』啦，躺在一起的美眉。」

至於躺在一起幹什麼，想也知道。

中文裡，妻子叫法是依照階級，如皇上叫嬪妃「梓童」，宰相叫元配「夫人」，以此類推：文人稱之「拙荊」，雅士稱之「執帚」，商賈稱之「賤內」，秀才稱之「娘子」。

大陸地域寬廣，各地也有自個稱謂，如北方人稱「孩他娘」，南方人稱「伢他媽」，河南人稱「屋裡頭的」，四川人稱「客堂」。

據說偏遠地區的叫法十分逗趣，如「暖腳的」、「在一塊睡覺的」、「吃飯一張桌兒的」、「煮魚蒸肉一個鍋兒的」，甚至還有「死了埋在一個坑兒的」。

為了凸顯中國人那句老話「打是情，罵是

愛」，也會使用像「殺千刀的」、「老不死的」、「死鬼」，字面雖凶，但骨子裡可是藏著一股愛意呢。

其他還有俚俗如「燒火的」、「做飯的」、文雅如「良人」、「淑人」，不一而足。

東方文化含蓄，稱呼老婆的叫法從古至今都是奉行「越不浪漫，越不噁心」為原則，現在大陸配偶互相叫「愛人」，已是中國歷史上最親暱的罕見例外。

其餘皆盡量把帶有「性」的任何意涵刪除，連續劇不是還出現「狗子他娘」、「大柱子他媽」，把原本該對老婆親熱的稱呼，都賴給兒子。

照理說，應該有所謂的功能用語，稱呼老婆：「喂，幫我生兒子的」，但這個詞牽涉到「生育」，就會讓人聯想起「那怎麼生育的呢」，於是想到「性交」那檔子事，對老實的中國人來說，太令人想入非非，難以啟齒呢。

不過，也許講別的語言，心態上覺得隔了一層，所以比較大膽、不會害羞，於是像英文裡的「daring」、「honey」、「sweetheart」、「baby」等，就顯得絡繹於途。

尤其，從「daring」直接翻譯成中文「親愛的」，也幾乎成了日常語，使用率最高，叫好朋友、情人或另一半都能脫口而出，毫無心理障礙。

雖是這麼說，比起西方人，我們對情人或伴侶的稱呼，普遍上仍嫌保守，不夠開放、大膽、多元化、創意。

比方，人家光一個「baby」，就有好多衍生的親密叫法，如「babe」、「baby boo」、「baby pumpkin」、「baby cakes」、「baby doll」、「baby girl」、「baby love」，連「baby dinosaur」（小恐龍）都出籠了。民風真的不同，如果在台灣叫親密愛人「恐龍」，那就等著討打吧。

爽法祕術

西方人習慣叫暱稱，事實上，這樣口頭沾著蜜，多喊多叫多呼喚，在心理學方面確有證據，聽起來是好比吃了蜜糖，更能拉攏親密關係。

我們儘管是保守民族，但時代真不同了，為自己創造多一點的親暱感覺，就從暱稱開始吧。

如果你們是剛進入親密關係的情人，這時叫暱稱，會有速成之效。假如你們是老夫老妻，偶爾發個癲，展開「突襲」，叫對方暱稱，可能會惹來一記白眼；但其實對方心裡可甜著呢。

稱「親愛的」、「寶貝」最簡單

最簡單的一句，應屬「親愛的」、「寶貝」。

有時視情況，也可自行加長，如「親愛的老公」、「親愛的老婆」，或不妨加上對方的名字、小名，如「親愛的XX」。另外，也可加重語氣「我的寶貝」。

這兩句暱稱雖無新鮮感，但永遠管用，保證聽到老，也是百聽不厭，仍然悅耳。

稱「卿卿」也不錯

古代丈夫對妻子以「卿」稱謂，如《詩經》：「我自不驅卿，逼迫有阿母」。溫庭筠《偶題》：「不將心事許卿卿」。

西晉「竹林七賢」之一的王戎與妻子的感情非常好，妻子常稱他為「卿」。王戎受限於當時夫貴妻賤風氣，要求妻子不要老是叫他「卿」，因為這樣不符合禮節。妻子回答道：「我親近你，喜歡你，所以才稱你卿。我不稱你卿，還有誰可以稱你為卿呢？」

這段軼事就衍生了「卿卿我我」的成語，後人以疊字「卿卿」，來加強對男女之間的愛意稱謂。

尤其，卿卿二字，也音近於親親，很有東方人的特殊情調。

說到疊字，這是漢字的特色，也適宜開發利用。將對方的名字最後一字或中間那字，叫成疊字，也很親熱。

稱「躺哥」、「躺妹」有創意

「躺妹」、「躺哥」不失幽默，且隱隱帶有一絲情色。

建議親密的情人、已婚的夫妻不妨試試看，來點新鮮的，叫：「『躺妹』，上床來休息吧」或「『躺哥』，跟人家一起睡嘛」。

偶爾噁心一下，有助情趣呢。

從姓氏下手

在網路上，看到一些人分享如何暱稱伴侶，有一則挺有意思。先生姓白，老婆便叫他「白白」（唸成「百白」），他就叫她為「飯飯」，真是一對！

如果你們的姓氏，剛好可以發揮，就盡量利用，畢竟不是所有姓都有這種效果。

談到網路，卻時常看到別人的「發明暱稱」，而為之一笑。像另外這對夫妻，以「法克U」、「法克米（me）」互稱，正是

一個好啟發。

天下字彙那麼多，動一動靈感，為自己想出絕妙版本。

名字最後一字加個「哥」「妹」

乍聽某人（你一定知道我在說誰）稱她先生為「戰哥」時，大概許多人都一陣錯愕與不慣。但漸漸地，在媒體上聽這一對夫妻叫多了，也便慣了。

利用對方名字最後一字，然後再加上一個「哥」、「妹」，不正貼切國人傳統的「哥有情來妹有意」？

繼續你的老公、老婆

「老公」、「老婆」，是現代夫妻叫得比例最高的一組。如果你不想改變也沒關係，只是口氣可以更親熱一些。

你知道這兩個稱謂的由來嗎？唐朝有一個傢伙考中功名後，嫌妻子年老色衰，欲納妾結新歡；但要休妻又感殘忍，便寫了一副對聯故意放在案頭：「荷敗蓮殘，落葉歸根成老藕」，讓整理書房的妻子自然發現。

當妻子看了後，提筆回了另一副對聯：

「禾黃稻熟，吹糠見米現新糧」。

　　這傢伙看到妻子的對聯，甚為慚愧，便消了休妻念頭。

　　妻子見丈夫回心轉意，再度寫了她的回應：「老公十分公道」。丈夫也感念地寫著：「老婆一片婆心」。

　　於是，老公、老婆自此在民間叫開了，成為夫妻的稱謂。

　　挺感人的吧？下次，當妳叫老公，或你叫老婆時，是不是心頭會多了一絲感恩與甜蜜呢？■

041

公廁四腳獸
出沒

撒野的性愛獵食法

本招祕訣

建議務必抽空到公廁實地考察一番，有潔癖者就選
高級飯店洗手間。之後利用自家廁所複製，為單調
的做愛換個口味。廁所空間小，愛愛的動作讓彼此
顯得擁擠，但互動也更為親密。體位變化也比平常
更有趣。

曾紅極一時的話題：大S與張孝全拍公廁
肉搏戲，因為太色，被導演剪掉毛片。人
們可能好奇：在公廁嘿咻能「色」到什麼程
度？well，事情可比你能想像得還鹹濕喔。

近年大家常談「四腳獸」，意指在公廁內
進行性行為，從門縫下望進去，見到四隻
腳站立，不時發出哼哈的獸嚎。

搞笑的偽基百科就列出「示意圖」，以
簡單線條畫出兩人可能擺出的各種姿勢，
還指出目前已有變種「六腳獸」出現，原
來是前面那人手腳趴地，後面另一個人採
取由後插入體位，湊成六條手腳著地的畫
面。

據報導，深夜人跡少的公廁有四腳獸出
沒，另外有人研究各校園四腳獸最佳去
處，提供分佈密度，如特別密集為紅色，
零星為綠色，儼然這是學生間的顯學。

原本我們以為公廁人來人往，飄散異味，
空間又狹窄，怎麼可能是偷歡者的熱門地
點之一？

其實，會去公廁解決性慾的人，都不是
去培養感情，不必香氛、按摩浴缸等物助
興。那些人走進公廁之前，早已慾火如

焚，哪還聞得到異味、管得著空間窄小？

對有些人來說，廁所的異味反倒會刺激性慾，有一股「無法讓你優雅得起來」的味道，不會聯想攸關氣質的東西，只會想到動物性的直接需求。

平常嘿咻慣於斯文、從容、慢條斯理，一到公廁裡大概變了樣，撕衣服、咬脖子、沾得滿身口水等獸性全部出籠了。

還有，公廁隨時有人進出，兩人冒著被撞見的風險，必須加緊動作；並且需要耳力尖、留心動靜，腎上腺素大量分泌、神經末稍全體動員，身體變得更敏感，愛愛起來也更過癮了。

加上公廁空間窄，乍看是缺點，覺得肢體無法施展。但實際上有利放手去搞。因身體被侷限在方寸之地，反倒醞釀了「困獸之鬥」的滋味。

這會加深體內的「獸性」，既然是兩頭獸，那便不需要含蓄、做作、假仙那套，「一切硬幹吧」。

於是，兩具流汗的肉體貼得很緊，磨啊磨的，頂來頂去，身軀的菱角撞菱角、圓弧撞圓弧，好不激昂。

爽法祕術

人們一向習慣了在床上親熱，地點固定，沒了新鮮感，有人才喜歡換到「public space」嚐鮮。

不然你捫心自問，如情況許可，你難道不曾閃過一絲幻想：在高空的飛機洗手間裡，來場名符其實的「翻雲覆雨」嗎？那就是這樣的心態啊。

以下，教你「當人不當，要當野獸」的變身術。

你也來當一隻四腳獸

我不建議你們真的去公廁嘿咻，以大家現有功力，不想被逮也難。但我建議務必抽空到公廁實地考察一番，有潔癖者就選高級飯店洗手間。

親自走一趟，回家去複製，才知道該如何發揮那股「公廁四腳獸」的野性。

固然，在公廁裡發作一下獸性，別具風「味」；但不是人人身手敏捷，不會被察覺蹤跡。（若因此上了社會新聞版，是很遜喀的喔！）

可是，「廁所裡尋歡」這個概念絕對值得炮製一下，為單調的做愛換個口味。

變通的方式：嘿，就改在你自家的廁所裡嘛。

自家廁所當然比公廁大，但運用想像力，兩人將動作限制在馬桶附近，當成置身於窄小的公廁空間。

【撒野動作ABC】

1. 假想你們就是大S、張孝全。或者，任何你們喜歡的男女明星。

2. 想像你們正被彼此的肉體魅力吸引，慾火焚身到理智快不清的地步，只想利用地形地物，圖個發洩爽快。

3. 最好保持衣服整齊地進入廁所，然後才動手剝掉衣物。

4. 表現出猴急的精神，例如男生猛吸女生的脖子。還有，男生將女生上衣撩起，或解開鈕釦，把乳房從胸罩裡捧出，僅露一邊乳房特別性感。男生從脖子一路吸到乳房，然後集中乳頭上。

5. 女生幫男生解開皮帶、褲扣，讓外褲滑至腳踝，內褲扯到膝蓋。不必全把褲子從身上脫掉，這樣較有濃濃的色情味。

6. 或者，不必解開皮帶或褲扣，只把拉鍊拉開，掏出陽具，更是男人好色的象徵。

7. 同樣地，女生若穿裙，亦不需脫掉裙子，僅把內褲扯下。保留裙子，當男生進行愛撫或性交時，只需把她的裙子掀起來，手伸進去摸下體，如此最是色情意味濃。

8. 盡量利用姿勢，如將身體頂住牆面、牆角、門板，使得氛圍就像真的被困在狹小空間內，伸縮有限。

9. 能夠的話，過程中，鼓勵自己哼出野獸般發春的低吼聲。

10. 如果雙方都願意，加入一點SM小把戲，更能營造野合效果。如以五爪抓住對方頭髮、女生以指甲刮男生的胸腔、掐捏奶頭、死緊握住陰莖又抖又晃、雙掌緊抓兩片臀部肉團、裝作強吻……。

11. 若有進行插入，以手掌心接住口水後，抹在保險套的龜頭部位，當作潤滑液。如此吐唾液的方式，常能提升野勁。

【廁所體位變花樣】

廁所空間小，愛愛的動作讓彼此顯得擁擠，但互動也更為親密。體位產生的變化，有幾種選項，比平常更有趣：

1. 女生坐在馬桶蓋，為站著的男生口交。

2. 男生坐在馬桶蓋，為站立的女生愛撫乳房、吸吮乳頭，另一隻手探入陰戶。

3. 男生坐在馬桶蓋，女生面朝面坐在他腿上，讓他吸吮乳房。

4. 男生坐在馬桶蓋，女生跨騎在他的腿上；待陽具插入陰道後，由女生的身體主動抬上放下，進行抽送。

5. 女生單腳跨上馬桶蓋，另一隻腳著地；男生站在她背後，採取由後插入姿勢。

6. 女生上半身向前俯，兩個手肘擱在水缸蓋上，撐住下巴。兩腳打開，下體往後挺。男生站在女生分開的雙腿間，以陽具插入陰道抽送。

7. 女生雙手撐在馬桶蓋上，臀部往後翹高，

男生由後插入陽具。

【注意】

1. 當男生坐在馬桶，女生跨騎在他腿上，不能把全身重量放上去，需以雙腳撐住一半以上體重；不然兩人重量相加，小心坐垮馬桶危險。

2. 不要坐上洗手台，也不要以雙手按住洗手台邊緣，它不是設計來支撐體重，不太禁壓，甚至一壓會破裂。■

042

野狼，
你的好大喔

「角色扮演」的啟發

本招祕訣

如何增進閨房情趣，專家總建議玩一玩「角色扮
演」遊戲，若把腦筋動到童話角色上面，也會滿
有搞頭。只需把握故事大綱，加以色情化就容易多
了。演童話有點像大人玩家家酒，感覺上比較不尷
尬。

這是一則舊笑話：白雪公主跳脫衣舞，打
一飲料名稱。

謎底為「7 UP」。

雖有點老掉牙，但我猶然深刻記得，當初
被人問起這道謎題時，努力猜卻猜不著，
等答案公布，一領悟後哈哈大笑。

童話與色情，乍看兩不搭嘎，其實歷來兩
者一直有著曖昧關係。當童話結合色情，
滋味可十分奇特，有如純真配鹹濕，將
兩種本來搭不上邊的食材炒成一盤菜，味
道很……難以言喻，反正就是無法以「好
吃」或「不好吃」簡單分類，總之是滋味
別具。

例如，著名的「小紅帽」有許多不同的流
傳版本，美國Barnes and Noble連鎖書店賣
出一百多種版本。

她最被讀者記憶的是純美女孩化身，作家
狄更斯還把她當成初戀情人。1922年，這
位床邊故事的明星小紅帽，首度登上迪斯
奈卡通片舞台，比米老鼠早上六年。

但長久以來，大家都被小紅帽的天真外表
給騙了，根據考證，最早的1679年法文版
由佩羅撰寫，插圖竟是小女孩與大野狼同

床而眠，她才剛脫光衣服，溜進棉被裡，說：「你的手臂好大啊。」野狼回答道：「那是為了更好好地擁抱妳，孩子。」

童話明星小紅帽居然「與狼共枕」，舊版插圖還故意將小紅帽的臉頰塗上兩朵紅暈，分明透露她與野狼幹了好事？

初知這個版本讀者想必挺錯愕，或許還會很失落。

但話說回來，「純真的童話」給兒童看，「帶點情色」的童話（不管原始或改編）給成人看，各有分際，也各投其所好，彼此不干擾，說實話這樣並沒什麼不好，甚至理當如此。

成人也該有符合成人口味的童話可看，帶點色情調調的成人童話，讓自己看得不嫌單調，且增添搔癢的想像，哪裡有什麼不對？又有什麼不好？

比方，英國漫畫劇作家艾倫‧摩爾（Alan Moore）很天才，想像力太豐富，居然將童話世界裡鼎鼎大名的三位女孩——「愛麗斯夢遊仙境」的愛麗斯、「綠野仙蹤」裡的陶樂絲、「小飛俠」裡的溫蒂，全部寫進一部成人級漫畫故事《Lost Girls》。

書中的她們都已是成年女子，聚在巴黎一間飯店分享彼此發生過的性經驗、性冒險。情節涵蓋了雙性戀、多P情節，多采多姿，讀者一邊讀，一邊恐怕要大喊：「小女孩真的長大了！」同時也暗暗羨慕，她們的閱歷不輸給「慾望城市」裡的莎曼珊。

成人童話，包括全新創作、把舊創作重新包裝兩類，我要大力推薦的是後者。例如，一些成人卡通、成人童話把膾炙人口的白雪公主、灰姑娘，或格林童話版本裡的故事，加以色情化。

為何重新包裝舊故事的魅力更大呢？因為那些角色是我們年輕甚或孩童時代熟悉的人物；隨著我們年紀邁入成人，有了性的體驗，知道性是怎麼一回事，再來看一看成人童話中熟悉的角色也跟著長大了，幹著跟我們一樣的「那件勾當」，閱讀起來真有意思。

我們以前純潔，童話角色也純潔。等我們長大，深諳性的奧妙，那些童話角色也一樣長大了，同樣享受著性的樂趣。這不是

很有「互尬」精神嗎？心想，小紅帽都那麼色，姑娘我豈能輸她？

童話裡，有故事發展，也有所謂的「角色」。這個「角色」，跟「角色扮演」（role play）裡的「角色」，是可以相互呼應的。

一講到如何增進閨房情趣，專家總建議玩一玩「角色扮演」遊戲，例如扮演醫生與護士、郵差與家庭主婦、上司與部屬等。

但很少人想到「角色扮演」遊戲，若把腦筋動到童話角色上面，也會滿有搞頭。

有個腳本，模仿童話角色較容易

有名的童話我們總記得大概結構，白雪公主吃了毒蘋果，從此昏睡，下一步就是等待白馬王子路過，以親吻喚醒她。

所以在玩「角色扮演」時，只要抓住這個大概：公主昏迷，王子現身，以吻救美。但過程就有很多空間可以色情化，例如，昏迷的公主是否一絲不掛？做出撩人的躺姿？王子乍見美人，會不會忍不住色心大動，出手

愛撫？最後，不是將她吻醒，或把她全身上下舔一遍，爽得她呻吟醒過來？

只需把握故事大綱，加以色情化就容易多了。

演童話，可以掩飾害羞

玩「角色扮演」，真要你演醫師，我演護士或病人，相互打情罵俏，有時真的放不開。

但演童話，多少有點「擺明了就是好玩而已」，有點像大人玩家家酒，感覺上比較不尷尬。

例如，女生演小紅帽，跟男生講：「那你演大野狼，或大色狼都可以。」講這話時，有點挑逗，也有點開玩笑，可以將害羞減至最低。

如上述，當小紅帽對大野狼說：「你那個好大唷」，女生趁機撒嬌，男生藉機哄騙，都能借題發揮。

題庫：自行加入創意的情節

【灰姑娘】

王子拿著一支高跟鞋到處尋找女主人，想看這裡頭有多好玩！

女生挑一雙最亮麗、最覺得性感的高跟鞋，交給當王子的男生。他便手持那根高跟鞋，跪在她面前，假意套上腳。

過程中，王子可不要忘記好好讚美灰姑娘的美腿，或抬起她的玉腿，偎在臉上，嘖嘖賞識。往下發展的戲份可多著呢，就看你們兩人的默契與創造力。

【小飛俠】

小飛俠彼得潘不是「永遠長不大」的不老男孩嗎？在這「長大」的話題上，就可好好做文章了。

想像一位男生假冒彼得潘，而他的女伴正握住他的陽具，調皮地說：「你長不長大？不長大嗎？還是不長大？」說著，繼續搓：「哇，長大了！」

【傑克的豌豆】

這條豌豆後來長成一條通往天上的巨藤，忒也驚人。

跟「小飛俠」的遊戲有點像，女生可在男生私處位置玩耍，把陰毛當成草地，陽具當成豌豆，培育灌溉它一吋吋長大。■

參考書單，啟發你的角色靈感：

◎Enchanted：Erotic Bedtime Stories For Women（by Nancy Madore）

◎In Sleeping Beauty's Bed: Erotic Fairy Tales（by Mitzi Szereto）

十五篇成人級童話，白馬王子居然是一位有戀鞋癖，其他的同黨可以想見。

◎Fairy Tales Can Come True：The Very Best Erotic Fairy Tales（Volume 1）(by Mitzi Szereto）

◎Adult Bedtime Stores （by Thomas M, Mabry Sr.）

◎Once Upon a Time: Bedtime Stores for adults（by Hannah Farley）

043

假死？還是暗暗爽死？

「睡美人」慾望遊戲

本招祕訣

無論男女，都可裝作無意識扮演「睡美人」，請全心體會「內在那一頭潛伏的暴露癖／偷窺癖小野獸是否甦醒了」。裝睡者穿不同的服裝，會製造出不同的樂趣。偷窺者要心中充滿幻想，開始行動⋯⋯

最近，我的一位女性諮商客戶又找上我了；坦白說，我還真挺羨慕她與另一半呢。他們不愧是E世代，「Anything has to try once」，玩得很上手。

她說老公這次怪癖有點超越底線，居然要她當個活挺屍，躺在床上一動也不動，供他欣賞「褻玩」。

他喜歡她先裝睡，然後他跪在床邊，慢慢地一件一件脫掉她身上衣服。當行為進行中，她必須假裝「噎」的一聲，半醒過來。此時，他會急忙趴下去，貼在地面；等她發覺無事，繼續裝睡，他又「閃」出來，上下其手，

饒是我這位見多識廣的女性友人，也不禁埋怨：「我只差沒像《BJ單身日記》裡的女主角，被休葛蘭要求穿上一條黃浦軍校型阿姆大內褲」。

其實，這種嗜好網路上頗盛行，打著「醉鬼女大學生」、「瘋狂派對」、「熟睡小夥子」旗幟等網站還真不少。劇情大同小異，都是喝得醉得醉醺醺的女生，大秀胸脯；睡死了一般的男生，被人玩鳥還渾然不覺。

一般人可能在想，面對著一具橫陳在床上的身體，一動也不動，有何性感可言？那你可就錯了。

這類網站針對特定收視戶，叫做「Spy Cam」，通常都是有一人手持攝影機，悄悄推開門。進入房間後，悄悄掀開被單，底下的年輕女生或男生不是裸睡，就是僅穿小內褲；而且，睡得打雷也吵不醒。於是任由攝影者伸手，「摸、搔、掐、揉、挖」，滿足所有付費會員的性幻想，想像自己就是那一雙手。

潛入帥哥、美女房間偷窺或偷摸一把，不可否認，正是不少人的性幻想！

以前，人們偷窺要靠想像力，缺乏這方面靈感的人，性慾望可能流於貧乏。現在只要付點小錢，網路上要什麼靈感刺激應有盡有。

有人喜歡窺視裸體，也有人喜歡被偷窺，或被玩弄裸體。有的女生喜歡在假裝睡眠、假意昏迷，或半睡半醒中，被男生把玩身子，進而翻雲覆雨，這叫做「睡美人嗜愛癖」（somnophilia）。

這種性癖好形成的心理，可能起於她自覺不需為發生的性行為負責；有的跟從小累積的性罪惡感、身體羞恥心、畏懼親密等知覺有關。無法清醒、主動承擔性的愉悅，只好裝睡、裝醉，半推半就了。

還有研究顯示，這種例子是因為孩童時，與其他兒童偷偷摸摸玩性愛遊戲，有一方假裝在睡覺或裝著不動，這份喜悅長存記憶，變成日後的性癖好。

通常，如果對方醒了，或不再假裝紋風不動，當事人的性慾就立即消風。

「目盲嗜愛癖」（amaurophilia）也有點類似，意指有些人偏愛性伴侶以眼罩矇住雙眼，察覺力被封鎖起來，自己才敢大膽地摸遍、玩遍。

還有些人在性愛中，也許不會動用到眼罩或任何遮蔽物；但堅持在性交時務必關燈，只能在黑暗中進行，其心態也約莫如此。

對了，我建議這位「睡美人」女性朋友在情人節時，送給老公一捆白布條，這次輪到他扮演全身包裹，僅有陽具外露的「木乃伊」。

法國人稱高潮叫做「小死一番」，不是沒道理。

對「睡美人嗜愛癖」的男女而言，這句話給他們的體會尤深。小死，就跟裝睡、裝昏迷、裝醉一樣，當有人也跟他們作假戲配合，覬覦他們的身體，偷吃他們的豆腐，即使全身沒有動彈，他們心頭竊喜可是如高潮湧現呢。

這並不是什麼症狀，不要畏懼去嘗試。一般夫妻、情人偶爾客串一下，可能方知它有多好玩！

男女都可當睡美人

莫被「睡美人」一詞給拘限了，裝作無意識的角色並非女生專利，男女都可串演。

甚至一向在性愛場域必須主動的男生，這下玩此情趣遊戲，恰好名正言順有機會嚐一嚐被動、被佔便宜、被消磨，是何滋味？

無論男女，一旦扮演這個角色，請全心體會「內在那一頭潛伏的暴露癖／偷窺癖小野獸是否甦醒了」。

服裝如何搭？

裝睡或裝不醒人事的那個角色，穿不同的服裝搭配，會製造出不同的樂趣。

1. 全裸：

全身赤裸躺在床上，沒蓋被子等物，本身就具有「肉體橫陳」的視覺刺激。

2. 內衣褲：

這樣子，才能保留脫衣服的興奮動作。有時，偷窺性感的內衣褲底下，私處若隱若現，或從縫隙中春光外洩，比全裸還撩人，會讓偷窺者格外亢奮。

3, 生活穿著：

如上班穿著、一般外出穿著、家居穿著，總之跟平常白天穿的衣服沒兩樣。

偷脫衣物者必須搬動對方身體，才能逐件褪下。這種情形，比較像對方喝醉酒，不

省人事。本來只是好心幫忙脫衣服，方便休息；卻在翻挪身體、越脫越少的過程中，無意觸到「敏感部位」，而起了色心。

睡姿如何擺？

1. 正常睡姿：

有些人喜歡越自然越好，更像真的；所以平常怎麼睡，現在就那麼睡。

2. 誘人睡姿：

這便需要刻意擺一下了，目的在搭設「有效激發性慾」的布景。

例如正面仰躺時，故意把兩腿打開，膝蓋彎曲，私處自會凸顯；或採俯臥姿勢，一腳伸直，另一腳曲起，不僅露出臀部，還會使從後方窺見的陰部更形拱出，分外秀色可餐。

偷窺者如何做？

整個過程裡，偷窺者心中要幻想眼前這具胴體，是暗戀已久的對象。過去，他只能遠遠地欣賞，不敢顯露好感。現在，他夢想的機會出現了……

1. 純偷窺：

只看不動手的滋味，就像看到好吃的東西，只准看不准吃一樣，更讓人流口水，想要的慾念更強。

既然被窺視的人閉著眼裝不知情，窺視者不要怕「吃相難看」，反正不會被逮到。想看仔細的話，大可把眼睛湊得很近，纖毫畢露地看分明。畢竟，平常也不太可能用這種方式觀看，把握良機。

維持不動手，除了眼睛看，還可以把鼻子貼近，嗅著對方的體味。

2. 偷窺＆偷摸：

所謂偷摸，就是擔心對方被動作太大的觸摸弄醒，才刻意輕挑慢撚。例如偷摸臉頰、頭髮、胸乳、小腹、大腿、私處、陰毛。

不要大刺刺地摸，人家不是說「妻不如妾，妾不如偷」，窺視的刺激便在於「偷偷摸摸」。

3. 使出半套：

比偷摸再進一步，就是動手幫對方自慰。

4. 全套都來：

這就像一般性交，差別是對象裝作沒有知覺，全身任你擺佈。平常前戲或交媾，也許有一些舉動礙於害羞，不敢進行。玩這套遊戲，是最佳補償時機。■

044

手機狂摳
找愛愛？

我的手機說我愛上妳了

本招祕訣

懂得運用技巧，就能經由手機表達浪漫，記牢這一組「手機愛愛密碼」，保證國際暢通無阻。更流行的則是利用按鍵組合，創造出活靈活現的春宮畫面，讓人一目了然。藉由把玩或翻轉，手機也能充滿性暗示。

壓抑的維多利亞人雖然彆彆扭扭，卻也會聰明地開小門，自有一套獨特的表情達意法—借重「花的語言」。這叫「山不轉人轉」。

比方，在公共場所配戴不同的花，有不同意思。有的像說「記得跟我聯絡唷」，有的是「離我遠一點」。可見，人性沛然莫能禦，總是上有政策，下有對策。

舊金山花市發言人，《園藝搜密》（The Garden Explored）作者阿曼朵（Mia Amato）指出，這些戴花、送花傳達的訊息到現在依舊存在。

例如：

送一枝玫瑰花，表示「我可能愛上你，是否可以給我一些鼓勵呢？」

送一蓬玫瑰花，意味「我真的愛上你了」。

將花裝在白色禮盒中，加上巧克力與蝴蝶結，就在請求：

我很愛你，今晚可以為我口交嗎？

現代人有了方便的手機，傳簡訊替代了送花，雖然提高求愛效率；但一切太直率，失去了往昔的詩情畫意。

但懂得技巧的人，依然能經由手機表達浪漫，最廣泛的一招莫過於以所謂「密碼」傳遞簡訊，在篇幅不大的空間內訴說相思。

不管是成人間幽會、偷情，或青少年瞞著父母，與同儕搞小祕密，現今手機都是大功臣，三兩下功夫，愛愛資訊便偷渡成功。

更便利的是，在開會、上班、上課、通勤期間，無時無地，都可神不知鬼不覺按區區幾個英文字母或數字（最多三、四個），輕易敲定「要不要愛愛」？

爽法祕術

傳手機簡訊，真是人類求偶大革命。以前靠見面（天哪，還包括儀式落落長的相親），拖拖拉拉；靠電話，囉哩叭唆；靠電腦，鍵盤敲到手指麻木。

這些形式與科技都過時了，現在只消一機在手，並記牢這一組「手機愛愛密碼」，保證國際暢通無阻。

「8」是一隻吉祥獸

根據調查，手機的愛愛密碼最常使用的榜首是「8」，表示口交。

「143」，表示我愛你。

「ADR」，表示Address（地址）。

「ASL」，表示Age/Sex/Location（年紀／性別／方位）。

「DUM」，表示Do You Masturbate（你打手槍嗎）。

「DUSL」，表示Do You Scream Loud（你叫床很大聲嗎）。

「GNOC」，表示Get Naked On Cam（裸體視訊吧）。

「GYPO」，表示Get Your Pants Off（把褲子脫掉）。

「IF/IB」，表示In Front or In Back（正面體位或由後進入）。

「IIT」，表示Is It Tight（它緊嗎）。

「I WSN」，表示I Want Sex Now（我現在就要）。

「IMEARU」，表示I Am Easy, Are You?（我很好搞定，你呢）。

「Kitty」，表示陰道。「Banana」，表示陽具。「RUH」，表示Are You Horny（你亢奮了嗎）。

「TDTM」，表示Talk Dirty to Me（跟我說髒話）。

「WYCM」，表示Will You Call Me（你會打電話給我嗎）。

「MorF」，表示Male or Female（你是男或女？）

P911，（父母起戒心了）。PAL，Parents are Listening（父母在偷聽）。PIR，Parents in room（父母在我房間內）。CD9，code 9（父母就在身邊，紅燈警告）。

如果妳的男友，從今天起，看了這篇文章後，突然第一次以簡訊狂摳妳「8888888⋯」，妳就知道今晚的餘興節目了吧。

構圖看到眼睛噴火

以上是密碼，有點像高中生思春喊通關密語，以下要邀請隆重登場，聽說它是最流行的一套手機簡訊。

專家指出，其實青少年使用比大人更頻繁，三五個字傳來傳去，父母根本「一陀凸凸」啥都不知。下面這些字眼，父母可都「不解風情」了。

現在的手機不僅傳文字遞情，甚至開始輸送現有字盤的字，加以神通大挪移，赫然輕易地出現各類的煽情畫面，比單純的數字諧音或顏色變化，惹火程度勝過好幾倍。

比方，女性的胴體以半圓形的括弧、點，

外加日文的金錢符碼「￥」，「女體」就大功告成了。其他像男性進入女體的交媾的畫面、偏摘後庭花的肛交畫面、媲美吹簫的口交畫面，都可以利用手機的按鍵組合，創造出活靈活現的春宮畫面，讓人一目了然。

最驚奇的是，這些手機符碼不僅能組合出交歡圖，還可明白表現「一進一出」的前後對照，看似真的在抽送。

以「口交」為例，上一個螢幕還是一根長長的，與嘴巴分離；到了下一個畫面，原先的長物就已經變短了，並且一半消失在嘴巴前，兩者顯然有了第一類接觸，正在上演「深喉嚨」。

那些正在熱戀、偷情、發春的情人們不妨奮起吧，自行來研發、琢磨一套小兩口間專屬的祕戲圖；或者，自己動手來為電視上的手機廣告男女，編一套情色版的劇本，亂點「鴛鴦交媾譜」，多好玩！

約好去辦事

「老時間，老地方見。」女孩打開手機讀簡訊，短短幾個字，逗她抿得嘴一笑。旁人看她讀簡訊笑得曖昧，表情若有所思，都猜得到是怎麼一回事？幽會是也！

台灣幾乎人手一台手機，有的還有兩台，分為公事、私事專用。甚至有人的私事進一步區分「熱戀中」、「第二順位」、「備胎」、「丟了可惜的雞肋」四支手機，不會弄混淆。

這跟女人包皮裡的一堆口紅一樣，有約會擦的、上床擦的、上班擦的、跟敵對公司作提案競比擦的⋯⋯。

口紅有性暗示，其實手機也有。女孩在公共場所一直把玩手機，有時還摳摳弄弄，或哈氣把螢幕磨光亮，胡亂按著數字鍵發呆，看似極為自然。

但看在有心人眼中，女孩重複地把玩手機，翻來轉去，不免懷疑她們下意識跟握住男友陰莖搓揉、彈弄、摳摸，都出於同轍。

進一步論，女孩按數字鍵的那一根手指，也往往是她自慰時，以一指功挑勾陰核，達到快感的同一根指頭。

而且，當臉與口貼近手機講話，若是情話則更像了，如同在跟對方的耳朵噴灼熱鼻息、嚼著嘴唇想討一口吻。

手機，要宜家宜室很稱職，但要搞點鹹濕

它也在行。靜靜喫三碗公的手機，有一層保護色，是幫主人使壞的最佳配角。

例如，第一次（或最初幾次）約會有好感，在餐桌上，可先從兩人的手機聊起，比款型、比功能、比配備。最後神來之筆，就是把兩台手機上下疊放在一起，做出明顯又不下流的性暗示。

手機，現在為人類扮演更貼心的角色：性服務！因我們打手機給特定專線、網友、情人、家裡那口子，都靠手機，很大一部分的談話、簡訊皆是「約好去辦事」。∎

045

返回當初熱戀時光

釣人片語重出江湖

本招祕訣

兩人之間想要多滲一點激情味道的驚喜，不妨來玩釣人的過招。男女都可以輪流當主動釣人的那一方，扯出你認為最性感、最顛覆、最噴飯、最死相、最那個的台詞，由淺入深，再進入有色階段。

「小姐，妳要是搖我的jingle bells，我就保證給妳一個white Christmas！」

哇～馬上響起一串罐頭噓聲。

但噓歸噓，可不要以為這種釣人句子很嗆爛，真的有男人用過。儘管，聽起來不雅；但講的人是自認天才想出的句子呢。而且，只要對方肯笑一個，不管是發自內心真覺得好笑，或大搖其頭的苦笑，或帶點鄙夷的無奈笑，都算成功了一半。

看好萊塢浪漫電影，英俊的男主角在酒吧或公共場所釣人總是無往不利。但若換成喜劇，男演員一副「看我的」模樣，一出口就被三振，雖然很遜，但至少博君一粲。橫豎不論搭訕成功與否，都讓觀眾多學到一些手法與用語，備著說不定哪天派得上用場。

千萬不要以為愛搭訕的男人只有電影才有，知名的網站「Frisky」最近發出「英雌帖」，詢問她們遇過最搞笑的釣人問句，有些還真必須出自有點鬼才的腦袋呢。

（第一名）在吧檯搭訕：「妳男朋友坐這裡嗎？」不等回答，他自己坐下去女郎的隔座，自得意滿說：「啊哈，現在坐下去

的就是了。」

（第二名）「嗨，我敢打賭，以前從沒人這樣釣過妳。」

（第三名）「我很樂意跟妳玩裸體摔跤，有一個happy ending。」

英文中，「pick up lines」，指的就是「釣人的搭訕話」。我查google，「the worst pick up lines」，很妙，跳到一頁，只有零零落落出現pick up lines三字畫黃線，其他整頁都空白。代表這些釣人語爛到可以棄之如敝屣，這種處置法倒令人噴飯。

別以為這些男子蠢，他們也機靈到會看季節說話，如冬天冷了，就說：「如果我是松鼠，妳也是松鼠，那妳願意讓我把松果，藏在妳的洞穴嗎？」

爽法祕術

其實，以上這堆一聽了會笑著搖頭的釣人語，也許聽在陌生女子耳裡，會大呼二百五，氣憤被吃豆腐。但如果用對了人，也用對了時機，譬如用在情人、夫妻間正在調情時，效果立即變了，反而製造出輕鬆與挑情的魅力。

情人與夫妻的親密關係，一旦過了蜜月期，人性都一樣，難免由濃轉淡，習慣取代了驚喜。所以，驚喜要刻意去營造。

釣人用語重新回味

兩人之間想要多滲一點激情味道的驚喜，絕對需要找一些好玩、搞樂子的遊戲來助陣。譬如，出入酒吧、舞廳、或氣氛好一些的茶餐廳，何不妨來玩釣人的過招。

男女都可以輪流當主動釣人的那一方，扯出你認為最性感、最顛覆、最噴飯、最死相、最那個的台詞，把對方逗笑、逗得捎你一把、逗得踢你一腳、逗得全身發癢。

想一想，如果能光倒流，回到當初熱戀期，你會瞎掰什麼來引起對方注意？經過這些年的熟悉，你知道對方的罩門、容易被搔到的笑點、最感到噁心卻又似乎愛聽的東西，那你就可以發揮這個優勢，找些搭訕句子戳對方一下。

「嘿，我聽見妳的膝蓋在開派對，要不要邀請妳的短褲一起下來參加？」

「這樣會痛嗎？應該會吧？從天堂摔下來總會痛吧？」

「我死了嗎？天使，因為這裡感覺好像天堂。」（如果正在做愛，可以把「這裡」改成「妳的裡面」。）

「怎樣？省水救地球，跟我共浴吧。」

好棒，最後一句還有現在最珍貴的環保意識呢。

在網路鍵入「pick up lines」搜尋，就會跳出很多類似上述的句子，提供參考。

以前不敢的，現在通通加倍

想當年初相識，可能你們甚至都沒發生過誰釣誰，大概就是經由親友介紹，例如是嫂子的哥哥的同事的高中同學拉的線。

或許，你們真的是在公共場合認識，但我們的傳統兩性禮俗比較保守，根本不可能說得出太輕挑的釣人台詞。

現在可好了，兩人感情已到一定程度，沒有當初的禮儀約束，或面子問題，正是回過頭來，大玩「角色扮演」遊戲的時機，一個演釣人，另一告演被釣，互相以「色」會友。

回想看看，以前羞怯而不敢說的話有哪些？你總會有好奇心，希望知道那時不敢的，現在加倍說出來是何滋味吧？

適當鬥鬥嘴，也算釣人趣味

說到好萊塢電影裡的釣人場景，不禁讓人好奇這些演慣釣人片段的男女演員，有沒有琢磨出什麼心得？

經過一番蒐集，太妙了，真的都說過一些相關男女對性的看法，反映出兩性在性方面的價值觀、揶揄，看過之後，還真的滿有啟

發。

這些充滿男女特質的智慧句子，倒是很好拿出來抬槓、小鬥嘴的素材。

「根據新調查，女星覺得在男星面前脫衣，比在其他女星面前較少會壓力；因為女生會批判，而男生只會欣賞。」（勞伯迪尼諾，嗯，挺實話的。）

「女人需要有理由發生性關係，男人只需要場地。」（比利克里斯托，主演「當哈利遇見莎莉」的那位。）

「女人常抱怨月經期，我倒覺得這是我們女人可以獨處的時間。」（羅珊，別看她演的角色沒大腦，私下她很有機智呢。）

「女人可能可以假裝性高潮，但男人可以假裝從頭到尾的那層關係。」（莎朗史東，這句話說得太殺了。）

「就像玩橋牌，你若沒有好搭子，起碼要有一雙好手。」伍迪艾倫，這句話真是十足「伍迪艾倫」式。

「上帝給人類腦子與陰莖。但偏偏血液只夠流往一邊。」（羅比威廉斯）

這些句子，可以適當地使用，享受小小的調侃，是調情之必要。也可以把握其精神，自己創造發揮。

由淺入深，由無色到黃色

如果覺得一下子挑重口味，似乎唐突，不太習慣，沒關係，那麼也可從比較淡味的謎題玩起。等到笑過一輪，有了默契，再進入有色階段，就很自然了。

以下兩則雙關語例子，是考考英文字母的聯想力，不色情；但頗有趣，一樣能煽起一絲笑意。

Q: Why are movie stars so cool?
A: Because they have so many fans.（影迷／風扇）

Q: How long is a shoe?
A: One foot.（一英尺／但真正意謂的是一隻腳，因一只鞋剛好塞入一隻腳）■

046

露第四點
才正點

觀賞陰核最催情

本招祕訣

在男女所有生理構造中，陰核是唯一只設計來「純粹享受快感」的器官，也就是所謂的第四點。鼓勵自己露陰核，是女人掀開靈魂最美的一面。男人除了懂得欣賞陰核之美，仍有進一步愛的任務：讓陰核達到高潮。

露第四點？咦，不是只有「露三點」嗎？從哪裡跑出來的第四點？

第四點，當然不會是你臉上那點美人痣囉。男女的第四點各不同，男人第四點是肛門，如果沒引起你們的興趣，那聽聽就好，按下不表。聽女人第四點，比較多故事。

《Playboy》、《Hustler》兩本成人雜誌都以露女體為主，但市場自有區隔。前者以自然裸露為主，陰部呈現自然狀態。後者為了開疆闢土，不得不另闢戰場，登場的女郎都以雙手撐開大、小陰唇，露出所謂的第四點——陰核。

《Hustler》雜誌恰如其名，真箇「好色客」。它索性給讀者們好色個徹底，盡覽女陰。

《Hustler》女郎將左右兩片陰唇如剝橘子一般外翻，姿勢不見得很雅；但不可否認市場很買帳，很多人看了第四點，才知道以前露三點，看頭差很大。

陰核，平常隱匿於陰唇中。在自然狀態下，陰核羞答答，委身天然屏障，不易露出真面目，更添神祕魅力。

看見女人第三點，還不表示你跟她多親密，如她願為你撥開「那一張小嘴」，四點盡露，才是把你當成阿娜達。平日，那裡是女王後宮禁地，不是真命天子，還跨不到門檻。

搞偷拍，很有機會拍到三點全露，偏拍不到第四點。如果不是親密至極的關係，根本不得其門而入。現在流行情人自拍，她若在你半哄半騙下，「蓬門今始為君開」，到這種地步，以古時標準，你就非娶人家不可了。

但是，有多少男人敢拍胸脯說，對陰核有很清楚認知呢？

在YouTube上，赫然貼出一首歌〈大陰核〉，網友自行填詞作曲演唱，搭配女人倩影剪輯，乍看簡直是當下流行歌。

「調情用吹緊咬我春核，核鳩凸黎玩吹毛筆」，歌詞係廣東話，不很看得懂，但這兩句詞用猜，也猜得出箇中春色。

陰核被譜成歌謠，還冠上「大」字，宛如大明星。事實上，陰核在女性身體中真的不折不扣是一位A咖巨星。

陰核，位於兩片小陰唇開口處，好像兩道窗簾布中央，釘著一顆雕琢優美的裝飾物。不是每個陰核都一樣，有人顯，有人隱；不過只要女生亢奮，陰核充血，由小陰唇縫裡如花開吐蕊，誰也不能否認陰核搶盡目光。

但陰核的珍貴不止於此，它絕非用來裝飾。在男女所有生理構造中，陰核是唯一只設計來「純粹享受快感」的器官。

陰核大小姐不必像陰唇、陰道、尿道等芳鄰那樣，必須負擔生殖、泌尿等家務事，她只需每天當個「英英美代子」，等待自慰或性交時，快快樂樂享盡快感就好了。

先承認吧：女人有被賞花的暴露癖

先說一則故事，來壯壯膽吧。

頗受歡迎的電視影集《白宮風雲》帥哥主角羅伯洛（Rob Lowe）崛起於80年代，他最轟動之舉，是因一卷拍攝他與二女（包括一位未成年少女）的性錄影帶曝光，星途受阻，直到近年改善形象，才被觀眾重新接納。

他過去的暴露狂行徑已非同小可，卻被最近親身遭遇別人的暴露狂，小巫見大巫給比下去了，他不得不驚呼現代人更大膽！

他飛到倫敦主演舞台劇《A Few Good Men》，唸完台詞，發現在場演員都張大嘴巴，神情飽受驚嚇。

他當時心想，慘了，自己哪裡出錯。

不過隨即，他順著其他演員的視線望去，問題水落石出了。原來舞台正對面的包廂裡，有一對男女在嘿咻。

上半場時，這對男女本來只是旁若無人地親熱；到了中場休息，劇場人員曾向當事人婉轉規勸，請勿繼續下文。

到了下半場，他們不僅沒有澆熄慾火，反而像故意跟劇場抗議似地，從親熱變成真槍實彈嘿咻起來，動作加大。

咦，正經八百的英國人怎麼會幹出這等事？其實，根據「ItsMyFantasy.com」新近公布的調查，女性排名第一的性幻想就是「當做愛時有人在旁欣賞」。

這項調查顯示，很多女性具有暴露的潛在癖好；但該項調查也指出，八成五的女性受訪者有此性幻想，但只有三成二會告訴伴侶，一成二會付諸實現，因此大家並不那麼清楚女性的這項最大性幻想。

幸運的羅伯洛，大概剛巧遇上了人群中這些誠實又有實踐力的「一成二」吧。

所以，妳一點都不要害羞，覺得把私密的第四點昭然若揭，那麼明顯，會不會太豪放？

每個男女體內都有一個受壓抑的暴露狂，只是男人壓抑得淺，女人壓抑得深。

「希望做愛有人窺看」高居女人性幻想冠軍，可見潛意識中，女性把越隱蔽的私處，露給心儀的對象看，心頭的喜悅才撲撲跳。

露奶、露陰，都不算什麼了。唯獨，為他露第四點，那才夠刺激。

心態上，鼓勵自己露陰核，是女人掀開靈魂最美的一面。

賞花的體位

視覺是男人的罩門，如果女人能全裸先坐在床上，朝著他雙腿打開，以手剝開陰唇，露出陰核，展示一朵殷紅的女人花。這樣子，彷彿邀請貴賓參觀這裡別有洞天，他必喜孜孜湊近觀光。

1. M字形開腿法

女生採取坐姿，臀部著床，上半身可抵住牆壁較為舒適。面對著他，把雙腿打開，如M字形。

雙手往下伸，各以食指、中指（拇指與食指一起的話，反而不易使用），將大、小陰唇往左右拉開，露出裡面那一粒嬌羞花心。

2. 舉頭望花法

男生仰面躺下，女生雙腿撐開，兩膝著床，跪在他的脖子兩側。

跪好姿勢後，伸出雙手，以跟第一種方法的同樣技巧，將陰唇打開。若要微微前傾身子也可，讓陰核更近在他眼前，如花綻放。

3. 伸手逗花法

男生一樣正面仰躺，女生跨騎的方向改成臉朝他的腳。她把雙腿打開，夾在他的雙耳兩邊，膝蓋著床，上半身往前趴，以手掌撐住重量，此時姿勢即一般所稱「狗爬式」。

女生擺出這副體位，就有勞男生自己伸手，去撐開她的陰唇，細細品味藏在花叢底的那一朵小花心，還可不時以手指鉤弄陰核。

4. 情境賞花法

女生穿裙襬較大的裙子，裡面不穿內褲，下體光溜溜。

男生把頭伸進裙子裡，模仿法國宮廷時代，男人躲在女人鐵線圈大蓬裙內偷情的情境。

當男生把頭探入裙內，湊近陰核時，不管是女生自行剝開陰唇，或由他代為剝開，躲

在裙下，根本就是放肆地偷窺春光，更增三分情色。

賞花之後，如何品花？

男人懂得欣賞陰核之美，還不夠。接下去，仍有進一步愛的任務：讓陰核達到高潮。

看花覺得花美，主要還得刺激性慾，光覺得美，而不轉化，加深性慾享樂，殊為可惜！

陰核，是老天賜給女人最棒的禮物。在構造與功能上，女性之陰核相當於男性之陰莖，底層都藏有豐富的神經末稍。

據科學數據公布，陰核的性神經末稍，是龜頭神經末稍的兩倍之多，可以想見陰核對性的刺激如愛撫、口交，極為敏感。

男人常自以為跟女人交媾，一旦陰莖插入，前後抽送地摩擦陰道，女人就會飄飄欲仙了，故屢以功勞者自居。其實，多數女人最大的快感還是來自陰核，陰道次之。那種一味挺直陰莖在陰道內抽送，最爽的是男人自己。

陰核，有人比喻為「女人的陰莖」。男人想一想，如果性行為裡對方只碰他的陰囊、會陰，卻都不碰陰莖，他會爽得起來嗎？所以，男人要將心比心，經常想到照顧陰核。

「女人的陰莖」這個比喻很好記，男人每次做愛時，牢記除了陰道抽送，也要好生伺候陰核，或一邊用手愛撫；或調整插入角度，在抽送時以恥骨磨頂陰核，讓女人真的爽到，這個愛做起來雙方才盡興。■

貼心的小提醒

露第四點，成了現代男女關係的檢驗準繩，「妳有那麼愛我嗎？那證實給我看，讓我拍第四點」，這句台詞成了男人的照本宣科，在當時情境下，你情我願，陶陶然地，女人什麼都依，卻可能在日後吃大虧。

現在手機附帶攝影功能，想拍什麼都方便得很，所以女人一定要學著保護自己。

妳跟他親暱到可以給看陰核，但決不要給拍。或者拍了，當場欣賞完畢，互相見證已遭消除。

當他問妳「愛不愛我，愛我就給我看陰核」，妳也同樣問他，要求他也露男性第四點證明之。

等他趴下去，掰開菊花。妳不想看就閉眼，但假裝有在看。如果一個男人也願意為妳做出這等很尷尬的舉止，那起碼表示他滿愛妳的啦。

047

叫喚自己內在性能量

以譚崔迎接多重性高潮

本招祕訣

譚崔，是一個綜合稱呼，強調在肉體密合之際，也要追求精神的契合，達到身心平衡。當兩人呈擁抱狀進行深呼吸時，必須「同步」。為了方便同時呼吸以及增進親密感，譚崔最建議的體位是坐姿。

有陣子，台灣「譚崔事件」上了媒體，著實熱鬧，記者採訪聚會公寓的管理員，他證實說：「我也不知道裡面到底發生什麼，是有聽見發出像呻吟的怪聲啦。」

一般人因此把譚崔（Tantric）想像成集體雜交，謠傳陌生男女當場被剝光、配對交歡。

譚崔，在西方瑜珈、性愛能量鍛鍊的世界裡，一向有相當數量的景從者，也擁有美譽；但來到台灣的第一堂課，竟被註解得如此不堪！

我記得第一次上譚崔工作坊，是在舊金山由珍（Jan）主持的「譚崔喜樂」（Tantric Joy）。線上註冊後，收到珍的歡迎信。她鼓勵學員盡量穿著舒適，並建議發揮視覺創意，選擇身心愉悅的鮮豔顏色。

當天見到珍，跟網站照片一般嬌美，耀眼紅髮。她也以身示範，衣著飄逸而鮮美，雕塑出搖曳的身體流線，很有點譚崔裡的「女神」氣質。

來了三十多位學員（我是唯一亞洲人），三分之二是夫妻、情侶檔，其他是單身前來，多為中年紀男女。看起來，他們的愛

情走了好幾個年頭，還有意願藉學譚崔喚醒熱力，真是可敬。

譚崔，首重溝通，兩人間最重要的溝通便是呼吸。整天下來，根本沒什麼配對、雜交，重點都放在如何放開身體能量、啟動雙方親密的呼吸。

比較有意思的是骨盤呼吸，想像能量進入胯間。中年女助教喊著：「對，這樣搖擺，男生喊OU（如中文的嗚），女生喊U。」

助教一邊搖著豐腴的臀部，果然有練，像個螺陀，性感地滾轉，全班也跟著在搖呼拉圈似地。幾個男生胯下僵硬，搖幾下，就像保齡球瓶翻倒。

「長安一片月，萬戶呻吟聲」，此時人人放鬆喉嚨，解開長久被綑綁的身體，盡情呻吟，聲聲噪起。

有人繼續叫春，也有人飲泣。依據理論，這是強烈的呼吸配上特殊譚崔音樂的鼓點，使人想起了自己的身體被漠視已久，而哀哀動容。

原來，這就是台灣公寓管理員所謂的怪聲，其實滿動聽嘛。

說到「藉助呼吸，以延長做愛高潮」的譚崔，我就想到多數人小時偷偷自慰，只敢憋著呼吸，高潮時還閃到腰的窘境；長大後親熱，擔心隔牆有耳，只好咬棉被，含住呻吟。

這樣的人最適宜來學譚崔，學習怎樣正確激勵呼吸，打通內在贅物，想像吸入有正向益處的光影，吐出體內陰暗的能量；並敞開胸懷叫春，把對性的羞愧從心底叫出來曬太陽。

或許，這樣一塊跟其他學員賣力叫春，也算是一種精神群交吧。但感覺不錯，好似流浪很久，終於回到我的原始部落。

在場唯一那對年輕情侶，只要一逢間隔休息，便雙腿交纏，躺在地毯上合抱親嘴。旁邊我們這些老芋仔看了真羨慕，有人酸溜溜打趣：「等著看吧，他們十年後還會不會這樣？」

別說十年，有人練譚崔之後，二十年、三十年的婚姻同樣還能有保鮮感。很多老夫老妻，或對彼此身體、性的需求已下降的情人與伴侶，都透過練習譚崔，重新塑造消失的親密關係。

因為，雙方進行譚崔呼吸法時，不管當下做愛或親熱，都是互相摟抱，一起深呼吸，你配合我的呼吸頻率，我配合你的。

當雙方擁抱，胸膛又一塊兒同起同落地起伏，等於在肉體親密之上，又加入精神的一體感，有助拉近彼此的身心距離。

爽法祕術

譚崔，是一個綜合稱呼，強調在肉體密合之際，也要追求精神的契合，達到身心平衡。它是透過各種方式，協助人們的身體更具有性的能量（energy），也自覺更性感、更易與對方融合。

所以，譚崔有一整套做愛的新詮釋，以及提出新方法。這一篇文章僅是入門，介紹譚崔的幾個主要特色，讓你窺見譚崔的美麗春光。

如果有興趣，可在坊間找尋譚崔專書，深入研究，絕對會有開啟寶藏盒的喜悅。

譚崔式呼吸法：深呼吸
譚崔講究強化性能量，有一個主要的幫浦，便是呼吸。

所謂譚崔式呼吸法，即我們平時使用的另一個詞彙「深呼吸」；不過，除了深深地呼氣、吐氣之外，關鍵在於：當兩人呈擁抱狀，進行深呼吸時，必須「同步」，也就是在同一時間，以同一速度呼氣、吐氣，不能一先一後，或一快一慢。

唯有這樣默契地共同呼吸，才能將兩人的磁波頻道，調成重疊，互相加強能量。甚至，有融合為一體的感覺。

正確的譚崔式呼吸法，如下：

1. 兩人呼氣時，都以鼻孔慢慢吸進一口長氣。

2. 吸到胸腔飽滿鼓脹了，張開嘴巴，悠長地從口裡吐出一口長氣。（事先刷牙或使用漱口水很重要，以免呼出的空氣有異味。）

3. 吐氣時，配合空氣由內而外地流動，兩人嘴巴要同時發出「啊」的放鬆聲音。

4. 漸漸地，多吐幾次後，盡量讓吐氣所發出的「啊」聲，聽起來像是呻吟，藉由聲音催發、刺激，把體內更多性的能量勾引出來。

譚崔最推薦的體位：坐姿

為了方便同時呼吸，以及增進親密感，譚崔最建議的體位是坐姿。如此一來，彼此的心窩能夠相貼；而且採行同步呼吸時，不會發生一方的體重，壓迫另一方胸腔，導致呼吸不暢通的狀況。坐姿，分為兩種：

剪刀式

1. 男生先坐在床上，雙腿向兩側張開。

2. 女生以面對面的方向，在男生的雙腿間坐下。

3. 她把兩腿曲起，小腿圍住他的腰臀。

4. 雙方的手都往下，抱住對方的腰部。

騎馬式

1. 男生可選擇坐在椅子上，或床鋪邊緣，雙腳著地。

2. 女生採取面對面跨騎姿勢，坐上他的大腿。

3. 雙方互相以手環抱。

如何多重性高潮？

譚崔，被視作「多重性高潮」的祕訣，男生方面尤顯。但很多人都誤解了這個詞彙，

以為譚崔是練什麼密法那般，能夠讓男人連續一次射精、二次射精、三次射精下去，像女人高潮一個又一個，認為這樣子才是「多重性高潮」。實際上，不是如此。

透過譚崔所帶來的多重性高潮，操作如下：

1. 性交時，當男生感覺快射精，便停止抽送動作。雙方開始一起實施同時呼吸法，男生趁此時緩和一下射精衝動。

2. 藉著呼吸，男生把剛剛快射精的那股能量，觀想成像一道電流，散發到全身各處。

3. 等到射精前的高度敏感退潮了，男生再度抽送。

4. 直到男生又感覺快射精，按照上述調息方法，同樣觀想把性能量自性器官流向全身。

5. 如此進行幾回合後，雙人覺得可以達到最巔峰的高潮了，男生在那一次的抽送時，便一路飆到射精。■

048

不跟伴侶講的性祕密？

「性癖好」隆重出場

本招祕訣

如果你心中「性祕密」代表的是你的「性癖好」，那就要認真設法，找個適當時機跟伴侶溝通。無法克服口語羞恥，就以肢體語言表達。「性癖好」無須放棄原來已在享受的東西，也跟新、舊無關。

守藏祕密？也許很辛苦，必須用一個謊圓過另一個謊。但有時不能跟伴侶講的性祕密，反而變成一股慾望驅動力！什麼事都跟老公、老婆、情人分享，唯獨這件祕辛例外，越不說，它就越有魔力，搞得自己心癢癢，竟演變為興奮來源。

英國BBC廣播節目4's iPM專闢一個單元，每週播放觀眾寄來的「親密關係中的祕密」。「不能跟伴侶講，但非得跟某人講」，具有神奇吸引力，這樁祕密使當事人亢奮，若能在安全條件下，跟陌生聽眾講，將是難以言喻的竊喜。

每週這個單元就像「大爆內幕」比賽，男人女人都有一籮筐祕密勾當，有幾則如下：

「我是一位無可救藥的天體主義者，動不動就想在屋子裡裸體；但我怕跟交往的男人說後，他們會嚇跑。」

「我有14年的婚姻，也有小孩了；但我死也無法告訴她，我是一位喜歡穿女裝的易裝癖者。」

「我是已婚女子，但一直保持跟一位天主教的教士很不正常（雖然也很性感）的關

係—出軌。」

早在幾年前就有「postsecret.com」網站，專門讓人張貼祕密心事，宛如走進網路懺悔室，講完了，罪惡就消除大半。

在那裡，真的無話不能談。有人說：「親愛的，我喜歡你射在我身上，因為當你為我擦拭時，樣子多麼惹人愛。」

有一則誠實得讓人感動：「我喜歡他舔我菊花，但我不敢開口，只有當他偶爾去舔，我就像中了獎。」

有些性祕密或許永遠不講是上策，但有些可能是「性癖好」、「性期待」的化身。

專家指出，女人如一直白天都在想前戲，表示她享受的前戲很不夠，才會在腦海縈繞不去。這時，性祕密便成了「必須溝通」的性愛清單，暗示你必須鼓起勇氣，謀求跟對方講這件事的技巧了。

爽法祕術

每個人若認真想一想，大概都會有些所謂「性祕密」。但往往不是什麼天大的事，也扯不上欺騙、背叛。

很多人有一些性方面的快感來源，也就是一般說的「性癖好」；不過，常感到不好意思，或不知如何開口跟情人、伴侶講。

解剖「性祕密」真意

仔細解剖這些小小的性祕密，如果它們事涉「我想要的做愛樂子」或「我很想嘗試的床戲方式」，那就得好好正視。因一直避而不談，當成祕密永久封死，它們極有可能會變質，變為一股幽怨；更嚴重是，導致自己對「那個不知情的人」不滿，而影響了性生活品質。

許多人向性專家尋求性方面的解惑時，最常被提及的其中一項，便是關於他們很想享受，卻怕嚇著對方的「癖好」，如上述那位女生喜愛被舔菊花，有無法比擬的快感；但她羞於啟齒要求。

這些「性癖好」涵蓋很廣，如有人喜歡聞腳Y的味道，甚至舔腳指頭；有人喜歡舔腋窩、有人喜歡被搔癢臀部、有人喜歡被按摩肛門、有人喜歡聽對方講髒話、有人喜歡顏射……

「性癖好」不一而足，但都有一個相同特色：不好意思說給對方聽，怕被嘲笑、被拒絕、被視為怪胎等。

這可有點矛盾了，人們常抱怨性生活變得枯燥無趣，於是有了較不平凡的性幻想、或找到了新的性癖好；但問題是，有了它們之後，卻不敢跟對方提出來實踐，於是原先乏味的性生活，只好繼續乏味下去。

如果你看清楚，心中「性祕密」代表的是你的「性癖好」，那你就要認真想方設法，找個適當時機，跟伴侶溝通。

通常，告知對方的結果，沒有你想像的那樣難堪，因你的伴侶多半是樂意討好你，而往往他們不知從何下手？這下你自動表白，效果也許比你預期的好。

無法克服口語羞恥，就來肢體語言

多數「性癖好」之所以不太敢示人，因涉及某些部位的偏見。例如，性器官一詞，只集中在肚臍眼以下、雙腿之間，這是狹隘的觀念。

只要一個人的身體，有任何部位會帶給主人性愛歡愉，那就是廣義的「性器官」，如喜歡被搔癢臀部，臀部就是性器官；喜歡舔人家的腳，那對方的腳就是性器官。涉及性享樂的部位，都可稱為廣義的性器官。

不要害怕去承認，全身每一個角落都可能有知音。當事人會覺得不好意思，認定這些「性器官候補區」，屬於需要大量清洗，乾淨到放心才能玩得愉悅。

例如，腳、肛門、腋窩、陰毛叢等，如不放心，伴侶與情人最好安排鴛鴦浴，互相擦背、搓揉這些身體部位，保證全身乾淨溜溜，心頭障礙放下，就能輕而易放開心懷，在床上吸來舔去了。

有些「性祕密」，源於擔心太守舊

「性祕密」不一定都想要打破規則，突破現狀，去爭取新的遊戲方法；可能剛好相反。

我接觸一個例子，她讀過了許多介紹體位的書，評估自己的經驗，認為還是男上女下的「傳教士體位」最讓她舒適，也易達到高潮。

但她自覺大家都在往新潮流走，在情趣領域開發新花樣，怎麼她會這麼保守，只想玩最古老的體位？她的「性祕密」變成一種苦惱，自責無法適應那麼多，卻不見得都舒服的變換體位。

「性癖好」不是要一個人放棄他原來已在享受的東西，也跟新、舊無關，只要能讓自己有快感的玩法，都是屬於你的「性癖好」版本。

傳教士體位可以讓雙方口對口，臉對臉，眼睛注視眼睛，胸脯相貼，下體密合，這本來就是很多人都鍾愛的一種「投最高票」體位。

它只是沒有新意，卻非不好到需要淘汰，許多人確實都習慣並擁護這個體位。

有的人覺得自己的性癖好太守舊，不敢讓對方知道，也不敢爭取，免得被嫌無趣、冷感，這是兩碼事。

你不是冷感，應該說你有獨愛的方式；或許這方式不夠新穎時髦，但床戲的最高目標是比快樂，不是比時髦。■

049

小玩一下SM

「性癖好」隆重出場

本招祕訣

SM是基於「愉悅」前提，所實施的一種「虐玩」
手段。玩法是直接針對身體的體罰、羞辱，可幫
助理智太強的人暫且把「腦子」關機，只玩「身
子」；也可促使有潔癖的人被迫讓步，硬著頭皮接
招。

「一皮天下沒難事」，皮的人到處吃香。
但有些人學不來皮，上了床保持吃相秀
氣，不僅不吃香，反而大大吃虧。

你可能在懷疑，那些平常享受性愛爽歪
歪，到底何方神聖？其實那些人一點也不
神聖，他們只是一堆敢釋放野性的凡夫俗
女。「敢」的人就是比「不敢」的人，樂
趣多上好幾倍。

所以，「一皮天下沒難事」應改成「一
皮『床』上無難事」，只要滲一點「你皮
在癢嗎」的玩法，床上情趣轉瞬間增強許
多。

假使你老覺得在床上玩不盡興，放不開
來，那先問問自己，是不是以下這兩種
人：

第一種，理性太強的人，每做一個動作都
要經過盤算，判斷該或不該、想或不想，
慢吞吞作決定。這是用腦子做愛，而不是
用身體做愛。既然不是用身體做愛，身體
當然也不必回饋給你什麼快感。

第二種，潔癖太強的人，沒洗澡不玩、
沒刷牙不玩、接吻可以但不要弄得滿臉唾
液、不要舔耳朵免得等一下聞到口水臭

味……，規矩一堆。

理性和潔癖，在平常時候都是不錯的優點，擁有它們是一件好事，甚至是美德。但時空若挪移到床上去，理性和潔癖發揮太強烈，強到讓當事人因此放不開，這個不要，那個不敢，可就划不來了。

有一個好方法，能訓練這些人達到「一皮床上無難事」，就是下海玩SM（sodomaschism）。

大家一聽SM，可能都有些怕怕，覺得那是「一小撮人」的特殊癖好，傳統上翻譯為「施虐」與「受虐」，聽來確實怪嚇人。

但其實，現代專家已根據SM真正的目的、企圖、功能，一致更正，將SM譯成更貼切的「愉虐戀」，表示它是基於「愉悅」前提，所實施的一種「虐玩」手段。

而且實際上，多數人在床戲時已經玩過SM，只是不知道那些玩法原來也列屬於SM範疇。

最簡單的例子，玩到興起時，嘴唇吸啊舔哪，還嫌不過癮，非得稍微使力咬一咬，才可發洩滿腔慾火。

於是，你盡情忘我地在對方的脖子根猛吸，好像夏日拚命吸冰棒末端快溶了的冰水那般爽口，這便是情人間不時會玩的「種草莓」（或俗稱「愛咬」）。

對方也覺得脖子被吸得很用力，微微有那麼一點疼；但這疼，程度剛剛好，正好足以激發內在的野性，把兩人的溫柔廝磨，轉變為野獸的戲耍互鬥。

除非你很有興趣嘗試SM，否則一般人不必玩得太深入，或選擇重口味。輕輕鬆鬆地玩SM，絕對能為平常味道轉淡的床笫樂趣，重燃光耀火焰。

如果你自認是放不開的人，那要靠自己之力打破藩籬很難，只好藉由SM遊戲規則的設計，例如扮演奴隸（slave/submissive）的一方，必須遵照扮演主人（master）的那一方指令，「被迫」去作某些性愛舉動，帶起情緒。

爽法祕術

Sex要盡興好玩，只有一個竅門：在床上不能太挑東撿西，盡量放開手腳，該舔時盡量舔，該咬、該嗅、該磨、該撞通通來，讓自己多一點獸性，少一點理性。

人家說「怕油污就不要進廚房」，萬一潔癖過重，上床時恐怕得逼自己壓制一下，日常生活可以有潔癖；但既然上床了，就勞駕你暫時關掉過敏的鼻子，拜請舌頭老大出馬！

SM遊戲玩法是直接針對身體的體罰、羞辱，可幫助理智太強的人暫且把「腦子」關機，只玩「身子」；也可促使有潔癖的人被迫讓步，硬著頭皮接招。很多人在勉強接招後，驚奇發現：咦，還滿好玩嘛。

【輕鬆版SM】：

動作方面—

「不許動」

採取男上女下、女上男下的體位均可，在上面的人以雙手壓住在下位的雙手，不准抗拒，然後狂舔其耳朵、嘴唇、耳根、脖子，偶爾輕咬幾下，嚇唬對方。

在下位者需抵抗，但勿過份抵抗，要形成拉鋸戰，這是一場拉拉扯扯的身體廝磨遊戲。

「打屁股」

屁股，是人體面積最寬、肌肉最厚的區域，適宜玩一玩輕量級的體罰。

打屁股，可以在前戲單獨玩，也可配合性交動作。

單獨打屁股時，不要只顧著打，真正好玩是打了幾下，讓受打者的屁股微疼，然後輕柔愛撫。等灼熱感消退，才繼續打，以此循環。

把掌心拱起來打，是一個取巧之道，打得響亮，很有氣氛；但因不是實心，也不會有多疼。

A片裡，常演到男人由背後插入女人，抽送

中會拍打她屁股數下，啪啪作響。這可不是無緣無故，而是有學問。當此時女人被打屁股時，肌肉會收縮，帶動陰戶的肌肉也會收縮，使陽具被夾得更緊。

當上位的男人進行抽送時，被在下位的女人擊掌幾下屁股，也會刺激他的陽具神經。

道具方面一

因為這是輕鬆玩，故不需購買道具，即使要用道具，也是挑現成。

第一種選項，不必使用道具，赤手空拳玩。

第二種選項，使用到道具，以床邊隨手可得的東西最佳，如褪下的領帶、枕頭套、皮帶、絲襪，將對方的手或腳綑綁；然後施展「快活的折磨」，像是搔腳心或肢胳窩的癢、以指甲刮癢全身、打屁股、輕捎蛋蛋與奶頭。

第三種選項，挑家中找得到的東西，如曬衣夾，可用來夾奶頭。現在普遍家裡用的曬衣夾，多為塑膠製，比古早式的木頭夾多了一層咬齒。所以，怕痛的話，可以在咬齒裡放幾張折疊的衛生紙，減輕咬力。

【進階版SM】：

蠟燭，令你聯想到什麼？Ａ）燭光大餐，Ｂ）颱風夜，Ｃ）稟燭遊，Ｄ）SM愛愛？

猜Ａ者，虛無主義；猜Ｂ者，懷疑主義；猜Ｃ者，環保主義；猜Ｄ嘛，恭喜你！蠟燭，確是有聲有色的現代閨房享樂主義。

不管你是否猜到Ｄ（「豬」的台語），今晚勞駕扮豬美眉、豬葛格，讓伴侶幫你「烙印」。

免驚，不是要拿一根赤紅烙鐵，往你皮膚茲茲兩聲。這個玩意叫作「現代閨房改良式SM愛愛」！舉凡SM裡太麻、太辣、太嗆、太血、太痛的「太字輩玩法」都一邊涼快去。

本書推薦的是，SM情慾遊戲裡一個「輕口味，安全，絕對好玩」的床戲樂子。

它就是低溫蠟燭，可以到情趣店購買或網購。請注意，不是一般蠟燭，那種燃點太高，不適合新手。但低溫蠟燭很緩和，是特別設計來玩的，滴在皮膚上只覺得刺激，不會有一絲灼疼。

我作了幾年田野調查，發現私下玩點SM奇檬子的男女，都恬恬吃三碗公。一般從滴

蠟燭開始玩，例如我的受訪者經驗頗值得參考，J＆S是一對戀人，玩法如下：

女方S被矇上眼罩，J拿低溫蠟燭一點一滴落滿S的乳形。低溫蠟燭不燙，只是溫暖。S整個白皙裸胸，好似一座開紅花的花圃。

經過了一陣子舒麻，J拉開S眼罩，要她定睛觀賞，他小心翼翼把那朵紅蠟從右乳整片摘下來，還保持優美乳形。

這就是SM，不僅不駭異，而且很浪漫。有一次，換成S幫J滴，滴在陰莖與陰囊上，摘下一朵牽牛花燭片。

景氣不好的年代，最經濟的消費就是做房事多多娛樂。鼓勵你，去買一盒低溫蠟燭，好跟那口子調情，一半溫柔一半威脅地說：親愛「滴」，皮癢了嗎？■

050

女王，
坐在我臉上吧

最騷的口交姿勢

本招祕訣

女人要坐到男人臉上，讓陰戶被透視，且被舔到內外徹底，首先需要壯一壯色膽。心理上的壓力一旦克服，內心會有特殊的成就感。除了女人自己鼓舞外，男伴從旁熱情慫恿，不斷鼓吹和打氣，更是極大關鍵。

「坐在我臉上」，如果你覺得這話很侮辱人，只是作賤、看扁之意，那你還真什麼沒情調咧。

兩人在床上所能說的千言萬語，都抵不過這句話來得色情；當一個男人向女伴說：「喂，過來嘛！坐在我臉上！」簡直是雄性野狼「啊—嗚」的聲聲喚。

敢講這種話、敢這麼做的男人非得有野性不可，女人若放得開，跟這種男人上床很過癮。他有一個最大特色：做愛前，把腦子就像手錶一樣，卸下來放在床頭櫃，只帶著發達的身體感官上床。

他愛模仿動物用舌頭到處舔、東嗅西聞，興奮時還會發出野獸般的悶吼。當他為女人口交時，彷彿是剩最後一餐，下一頓沒了，所以全力以赴地吃、吃、吃。

央求女生「坐在我臉上」的吃法，等於提供給她所有口交中最騷、最浪、最蕩的體位。

女人或許想，跟伴侶「愛都做了」，還有啥好害羞？

錯了！妳就是沒擺過這個隱私性極強的姿勢，因而第一次擺的時候，會夾帶著不熟

稔、異樣情緒，似乎害臊，又彷若羞恥。

但假如他堅持，妳半推半就地跨腳而蹲，把下陰撐到最開的地步，連會陰、肛門都腹地開放，那的確是新鮮無比的經驗。

這姿勢讓妳聯想到蹲著小解，整個性器官區域，距離他的眼鼻那麼近，一切盡覽無遺。

總之，最後如果妳被自己或對方說服，蹲坐在男人的臉部上方，首先妳會感到他的鼻息。這是很棒的初體驗，剛被那溫熱的呼吸噴到，簡直像在做私處的spa（蒸汽浴）呢。

隨後，緊跟著而來，是一條濕潤的大舌頭，不僅把妳的私處舔得遍；而且因妳採取蹲姿，下體撐出極大幅度，他的舌頭可一路舔得深入。

這麼一來，既舔遍，又舔深，好比妳的守土平面與垂直線都淪陷，一時之間，「下方戰情吃緊」，妳會有兵敗如山倒，腿軟如洩洪之感。

唯有行家才懂這個「讓女人丟了」的姿勢，因女人被口交時的任何體位，出於角度關係，爽勁與癢勁都遠不如「坐在男人臉上」。

我因寫書之故，訪問了不少人的性經驗，有位男生的例子讓我印象深刻。他說天下最淫莫過於讓一位女王不穿內褲，只穿絲襪坐在他臉上。

雖然並非真坐在臉上，只是被蹲坐在臉部以上。當女人的下體如此逼近在眼前，陰戶變得碩大，如強敵壓境；但他就是喜歡那一絲受侮辱的滋味。不是委屈與被迫，這個辱是歡喜甘願去接受。

他喜歡被具有女性象徵的絲襪磨挲臉蛋、鼻尖，最後他把絲襪舔濕，透過一層紗，舌頭一直頂陰戶。後來，再把絲襪脫下，直接舔，好像剛才咬的是糖果的包裝紙，現在終於吃到糖果，好過癮。

他有一個妙喻，說當女人坐在他臉上，撐得很開的陰戶「就像一粒蚌，雙殼完全打開，蜆肉外吐」。

顯然，這傢伙經驗很老到，不僅是老饕，還堪稱海鮮大王。

爽法祕術

女生該做的事：壯一壯色膽

女人，要坐到他臉上，讓陰戶被透視一般，且被舔到內外徹底；說真格的，還真需要一點色膽。

所以，女人的色膽不管平時有多大，此時都要刻意壯一壯，自我鼓勵說：為性生活注入活力，本來就像到從未踏上足跡的處女地探險，自己不壯膽去試試看，新的樂趣不會天下掉下來。

這個體位本身，會帶來肉體上的極度感受，那是打包票的。但「坐在我臉上」之所以給人快活，另一方面，也出自它在心理上的壓力；一旦克服了，內心會有特殊的成就感：哇，我「坐」到了！

因為，在我們觀念中，「坐在人家臉上」是極不禮貌的舉動，侮辱人到家。但這是性愛遊戲，妳克服了心理的禁忌，採取行動作了，竊喜的成就感真的會不小。

男生該做的事：持續慫恿鼓勵

除了女人自己鼓舞外，男伴從旁熱情慫恿，不斷鼓吹和打氣，更是「這件事做不做得成」的大關鍵。

男人應以肯定的口吻，讓她知道：這不是妳在侮辱我，是我想尋快活，我們一起來試玩看看！不要有壓力，不要以為會冒犯我，這是我們親熱的新點子，來嘛，試一試！

通常沒做過這種體位的伴侶，一開始，絕對要男人主動，給予她如此明確的訊息，使她敢跨出第一步。

男人不要試一次沒成功，就放棄了。這個體位難免讓女生害羞，持續說服，不強迫、不逼得太急，以哄的方式慢慢獲得她首肯。

舔陰計畫啟動：男人殷勤，女人配合

雙方比較舒服的「戰鬥位置」，如下：

男生的頭躺在扁一點的枕頭上，女生則以屈膝跪在床鋪，略低身子，雙腿跨開一些，

修正互相位置，弄到兩人的距離剛好。

他不用急著狼吻，可以自行添加前戲，如對著陰戶哈熱氣、以手指摳弄大小陰唇間的溝狀、以掌心磨她的會陰、整個鼻子壓在她的陰毛叢裡磨來磨去，這些色胚子小花招都會帶動氣氛。

舔陰時，陰核是最該好好拜訪的首站，以舌舔之，以手指捏揉之。然後大舉進軍，把陰戶周邊一舉攻下。

除了陰核、兩片陰唇該被舌頭好生侍候，會陰部與接近後庭菊花部位，甚至菊花本身，仍有一大片土地，等待初次開放給人跡。男生要搶進，低頭舔會陰、舔接近尾椎的菊花邊緣，都會帶給她不同於舔陰的肉體快感。

這個體位，可讓她的下體、身體各重要零件都好好地被舌頭擦拭一次，放輕鬆點，當作是送愛車去車廠保養一樣，通體水洗後，煥然一新。

女人經過這個姿勢，再站起身來，就不是吳下阿蒙了，她是敢嚐鮮的好角色。

男人一邊舔，發出像在吸食湯蟹黃湯包那般，呼哈，呼哈，嘶嘶作響，聽覺能提醒雙方這是一場饗宴。■

051-a

菊花，菊花，
我愛你

認識肛門之美

本招祕訣

就性快感來說，肛門其實貢獻不小，提供一些很獨特的舒暢。只可惜肛門一直以來被污名化，更別提有人敢自在地去學習肛門之樂：舔肛、肛門按摩。必須先重新認識肛門，改變對它的不友善印象。

70年代末期台灣鄉土作家王禎和出版《玫瑰，玫瑰，我愛你》，是我當年讀大學時代念得最起勁的小說之一。

小說前半段，提到一位青年擔心有性方面的問題，到鄉下地方的小診所檢查。小鎮醫師要青年做出幾項受檢動作，他在脫掉褲子後，下體勃起，心生羞澀，趕緊以手掌摀住。

醫師要他放開雙手，小說家於是以悍然有生命力的筆調，描摩了青年如香蕉飽滿壯實的陰莖。這一段體檢過程，在民風略微保守的當年，不管男女老少讀者，閱讀起來都不免臉紅心跳。

《玫瑰，玫瑰，我愛你》中間另有一段，敘述一位出馬競選民意代表者，上台宣揚政見，變成打賭秀，被逼著脫下褲頭，以應證他胯下有寶物。結局悽慘，在賭氣下，候選人一脫，兩腿之物不值一哂，台下多頭鑽動搶看好戲，紛紛失望訕笑。

這兩幕情景都扯到男性生殖器官，我倒覺得王禎和當初不如改名為「香蕉，香蕉，我愛你」，恐怕更有嘲弄選舉風氣、醫師說一套做一套（表面很異性戀，實質很同

性戀）的矛盾。

我大膽向王禎和前輩借題，把要談屁眼的主題，也依樣命名為「菊花，菊花，我愛你」，以疊字、疊詞，來強調菊花在情慾上扮演的角色。

我當時對王禎和作家非常尊崇，認為他勇敢觸碰敏感題材，繞著陰莖打轉幾回。私下不禁想，在挑戰禁忌的文學作品中，會不會也有觸及屁眼呢？

畢竟，廣義的下體，包括陰莖、陰囊、陰蒂、陰唇、陰道，在幽暗的人體角落，都有過文學的觀照；然而屁眼這一個更不見天日的穴兒，有人曾像考古學者、或採礦工人那樣，將之從深邃土底挖出來，在光亮下展現質地嗎？

我在念性學博士的前、後幾年，都一直在這個疑竇催促下，繼續追蹤。

最先，引起我好奇的是「為何肛門叫做菊花」？一個名詞的流傳若因不雅，極可能以稍具美化的代稱，本尊退位，分身行走江湖。

以菊花代替肛門，真是一絕！但淵源為何？眾口一詞說來自日本，好吧，儘管日本國花是菊花，且日本盛行「菊花紋章」，各貴族家紋都以菊花作為圖騰樣式，如皇室家徽是「十六瓣八重表菊紋」。但還是難以解釋，日本人怎會把這麼高貴的花卉，來形容這個羞於啟齒的器官呢？

總之，不知該感謝哪位高人，最初以菊花比喻屁眼，實在神來之筆。菊花的花瓣呈放射狀，一瓣一瓣鼓起。如果真要將屁眼美化，想出一個可比擬而令世人改觀的東西（可能是任何物體，如植物、礦物、食物等），實在沒有比菊花更稱職的了。

就性快感來說，肛門其實貢獻不小，提供一些很獨特的舒暢。只可惜，肛門一直以來被污名化，更別提有人敢自在地去學習肛門之樂：舔肛、肛門按摩。

所以，在介紹肛門按摩與舔肛之前，我想有必要，先來重新認識肛門，改變對它的不友善印象。

從漫畫看：一輩子的朋友

日本人對於屁眼，的確比其他民族放得開，像動畫《鬼作魂》中，伊頭鬼作（Itou Kisaku）大叔在街頭調教完姬野優裡後，對杉本翔子說過一句名言：「我插過你的屁眼，我們是一輩子朋友了」。

令人發噱的是，這段話被引述在網頁上，回應千奇百樣，有人說：「我硬了，誰要跟我作朋友？」

永壽泰成漫畫《外星人田中太郎》（港譯《我的ET同學》），曾製作成卡通節目，相當受歡迎。其中有段情節，也提到「太郎與高志兩人常常互捅對方的屁眼，久而久之，他們的友情更加堅定。」

漫畫家空知英秋有一部作品《銀魂》，為何會取這個名字？因為「銀魂」二字，音同銀玉，跟金玉只差半個字，而金玉代表男人的蛋蛋。

所以女學生都會互相問：「妳昨晚看過銀魂沒？」據說作者當初取名，就是為了讓高中女學生能夠大大方方地說出「睪丸」。

《銀魂》中主角服部全藏在當披薩外送員時，被另一角色銀時騎摩托車撞到肛門。服部大叫：「啊，怎麼又是你？你和我的肛門有仇嗎？」

銀時辯駁：「不是喔，是你的肛門把我的摩托車吸過去了！」

於是，根據這一段故事，有讀者發表叫人噴飯的高見：「在重口味的卡漫，也有將別人的肛門，弄得像立體停車場一樣。」

從A片看：菊花偶像時代來臨

日本政府現行電檢標準，男性陰莖與陰囊、女性陰戶都屬性器官，須以馬賽克處理，弄得霧茫茫一片。

屁眼，則不列入性器官，僥倖地避開了這一條鐵律，可在鏡頭裡大方現身。

看日本A片，那枚菊花狀的屁眼，橫豎一定會露臉，也變成女優需加以美化的重點部位，美白、除毛、整型，屁眼美學頓時興起。

在日本A片中，男女傳統性器官位居二線，本來最不受重視的屁眼，搖身一變擔綱演出，小妾扶正為原配，搶戲搶得凶，難怪風靡了210萬讀者的《東京鐵塔》作者Lily Franky，一語道破：「接下來大概就是專門以肛門為賣點的『菊花偶像』的時代了。」

觀眾們於焉有了新興致，看A片順便玩起連連看遊戲，哪位女優的臉連到哪一枚嬌美的菊花？誰的菊花最多瓣？誰的菊花最粉嫩？誰的菊花最渾圓？品菊高手一個個誕生。

《本草綱目》說起菊花藥效：「性甘，味寒，具有散風熱、平肝明目之功效」。妙的是「明目」二字，好似在說，看屁眼越看越有趣，眼睛都為之精亮起來了。

從文學看：崇高至上之門

除了A片，一些文學作品也對屁眼行注目禮。

米蘭‧昆德拉（Milan Kundera）在《緩慢》（La Lenteur）中，引用法國超現實主義詩人紀堯姆‧阿波利奈爾（Guillaume Apollinaire）把屁眼稱作「第九眼」的說法，他進一步闡述：

「屁眼自珍珠雙峰中開啟，成為第九扇門，比其他還神祕，無人敢提及的『妖術之門』、『崇高至上之門』。」

「屁眼，才是裸體所有核能集中的神奇之點。」

米蘭‧昆德拉認為肛門當然重要，但重要得太正式了，乃公認的、被定位了、控制了、評論了、檢討了、試驗了、被監視、被吟咏、被讚美的地方；它就是喧擾人性相聚的十字路口，世世代代經過的隧道，只有傻瓜才以為這是隱密之所，其實它再公開不過了。

他指出，真正隱密的地方，面對它連色情

電影都得屈服，就是屁眼！

法國叛逆詩人亞瑟・韓波（Arthur Rimbaud）有首十四行詩，也為屁眼作了優雅素描：

像個紫色按鈕般的暗沈，發皺
謙遜地隱藏在青苔間，喘息
濕潤的愛意沿著緩斜坡，攀爬
沿著白臀，來到折邊

乳白的珠淚，成行
在殘忍的壓迫下，滴落
穿過了紅棕色的小土塊
趕著與聲聲呼喚的斜坡，會合

我的夢幻常與此吸盤結合
我的靈魂，這個善妒的做愛工具
在此褐色肉眼，築下啜泣的愛巢

這個令人癲狂的按鈕與溫存的長笛
長管與絕美的杏仁糖相會
微濕的城牆內，是迦南城的陰柔

從藝術看：勇於承擔

文學之外，當然藝術也要參一腳。

台灣女畫家朱麗惠對肛門的情有獨鍾，在她的作品中一覽無遺。她的首次個展「初乳」，手繪108對女性乳房。第二次個展「屁・眼」，則探索人體另一個更幽微的器官。

她對屁眼的詮釋很有啟發性，指出「屁股跟眼睛是人一生最重要的兩個通道，透過眼睛可展望世界；透過屁股任勞任怨，承擔污濁才可常保健康！」

出身貧戶的朱麗惠，沒有以掉書袋的方式，謅出一大堆理論，對屁眼歌功頌德。

她怡然自得覺得，幹嘛為了自己選擇這樣的題材，要羞答答地找出一堆堅強有力的論述支撐？她認為屁眼就是屁眼，可以入畫就是美，就算對某些人不代表美，那總不能漠視屁眼起碼也是「真善美」裡的真吧？■

051-b

菊花，菊花，我愛你

舔肛＆肛門按摩

本招祕訣

　一枚乾淨的屁眼，在性行為中，帶來的快感可能遠超過想像。製造肛門快感有幾條途徑，包括：肛交、舔肛、肛門按摩。強烈建議不要放棄肛門按摩。也建議男生鼓起勇氣，試一試「攝護腺按摩」。

當代義大利設計大師布魯諾·莫那（Bruno Munari）說過一句經典名句：

「每顆雞蛋都有個完美的形體，雖然它都是從屁眼跑出來的。」

他的意思是說，屁眼雖然不是乾淨的東西，但能產生出完美之物，貢獻厥偉。

事實上，經過妥善清洗，包含外部洗滌、灌腸，屁眼絕對是乾淨的。在肛交時，不會發生不悅的氣味；在舔肛時，接觸到的肛門及其附近皮膚，也跟全身任何一處肌膚一樣，都有沐浴後的幽香。

在所有的性快感中，肛門快感是最被忽略的。甚至，還有許多人不曉得肛門密佈豐富神經末稍，經由適度刺激，會產生性的愉悅知覺。

製造肛門快感有幾條途徑，包括：肛交、舔肛、肛門按摩。

一枚乾淨的屁眼，在性行為中，帶給你的快感可能遠超過你的想像。

肛交，有人敢於嘗試，也有人不敢。它就像酒，有人喝了享受醺醺然，舌底留香；但也有人滴酒不沾。

不過，就算對肛交沒有興趣，連對舔肛也沒有意願，本書強烈建議不要放棄肛門按摩，如此一來，你至少在肛門快感中選擇了一樣，沒有全部辜負。

當身體放輕鬆，有人對著自己的肛門施以親密按摩時，這塊平常不輕易開放的後花園，絕對會讓你逛到一路舒暢。

爽法祕術

舔肛法

嘴巴是吃飯的傢伙，要拿來「親」屁眼那兩片「長在後面的唇」，有些人可能怎麼也親不下去。

一般人不敢嘗試舔肛，都因衛生顧慮。有一個兼顧嚐鮮、衛生的好方法，兩人一塊洗鴛鴦浴或沖澡，互相都確定身體已清洗潔淨後，便可在浴缸中放心舔肛。

若這樣還是放不開，沒關係，通權達變一下。改用保鮮膜，當成安全的阻隔膜擋在屁眼上，舌尖抵在保鮮膜上面舔。因保鮮膜十分薄，一樣能夠把舌頭的溫熱與潮濕感覺，傳遞給屁眼，讓它底下的神經接受麻癢的爽滋味。

舔肛的步驟：

1. 為了讓保鮮膜不致亂移動位置，請剪裁大片一點，面積剛好把兩片臀部都裹住。

2. 在兩股上下處（不包括屁眼）、臀部表面，沾幾個點狀的乳液。

3. 先將保鮮膜對折，再把對折那條線，拿著對準臀部的兩股，以手刀一滑，讓兩股中的乳液，黏住保鮮膜。

4. 同時，臀部其他位置的乳液也貼住了保鮮膜。

5. 可以正式「玩貓咪舔水喝遊戲」了。

舔肛的方式：

1. 以舌尖圍繞著屁眼，猛打圓圈；

2. 以舌尖像扇葉，快速撥打著屁眼；

3. 像舔冰棒那樣，由下而上，舌面一邊舔，一邊捲上去。

肛門按摩法

以下各種按摩法，請配合使用大量潤滑液，會使按摩更舒暢。

1. 豎琴法

雙手各據肛門兩旁，使用拇指除外的四根指頭，做出彈豎琴的舉動。亦即，模仿不斷爬行的動作。以此法按摩肛門兩側。

2. 蓋指紋法

使用單手即可，伸出拇指（像是比出「讚」手勢），以指尖肉墊覆蓋在肛門上，展開順時鐘轉圓圈。

此法的加強式，是以另一隻手的拇指與食指，壓在肛門兩旁，將它略微撐開，使肛門原來的皺褶變得平坦。這樣進行拇指摩擦時，感受會更強烈。

3. 彈指法

使用單手，中指略微彎曲壓住食指，利用反彈力量，彈中肛門，造成局部壓力的快感。

4. 踏水車法

雙手拇指擺在肛門上方，宛如兩腳踩水車，在半空中輪流交互轉動，不斷碰觸到肛門。

5. 按電鈴式

伸出單手拇指，搗住肛門之後，震動手

腕。以上臂的力氣帶動拇指，形成陣陣震波，肛門有如受到電動按摩棒刺激。

6. 鑽螺絲法

右手握成拳頭狀，以食指彎曲的那塊突起部位，對準肛門，來回旋轉摩擦，彷彿在鑽螺絲的動作。

7. 手刀法

把手掌側面當成手刀，交互切入兩股間，由上而下滑落，中途經過肛門時，感覺又是不同滋味。

8. 運功法

以手掌的底部抵住肛門，展開小圓圈旋轉，宛如功夫片裡演的出掌運功。

9. 按摩棒法

直接使用電動按摩棒，將棒頭壓在肛門上，利用震動波傳入肛門裡，保證麻麻地很舒服。

攝護腺按摩

建議男生鼓起勇氣，在肛門按摩之後，也試一試「攝護腺按摩」。因為攝護腺只有男性才有，因此很抱歉，女生儘管也能照相同過程按摩，可能快感沒男生那麼強。

攝護腺，又稱作前列腺，是男性腺體的一種，外型與核桃大小相似。它位於膀胱下方、直腸前方，包圍著尿道上端。

按摩有兩個好處：一、可以降低攝護腺肥大；二、能夠造成快感。

攝護腺又稱為「男性G點」，表示經由充分按摩、刺激，會引起下體附近的快感。

根據報載，某些單車騎士覺得騎車下來走路時，竟出現短暫如射精般的舒麻感。醫師指出，因自行車座墊又長又窄又硬，男性騎車會陰部接觸到座墊，不斷被壓迫，而擠到體內的攝護腺等性器官神經，這些神經有如被按摩後活化，產生快感衝向大腦。

攝護腺按摩的步驟：
請親密者代勞
1. 接受按摩者先沐浴，將肛門沖洗乾淨。
2. 接受按摩者舒適放鬆，正面仰躺，雙腿打

開。

3. 按摩者戴起醫療用超薄手套,將潤滑液抹在手中、對方肛門。

4. 曲起食指,或有人覺得中指較長,不管哪一指,都以按摩者最習慣使用為原則。

5. 沾著潤滑液的手指緩慢地、輕微地,從肛門緊密的細縫鑽進去。

6. 接受按摩者放鬆肛門括約肌,盡量不要使力;不然會使正進入肛門的手指受阻,本身直腸也會受驚嚇更緊縮。

7. 按摩者的手指伸入直腸後,大約5公分處,方位是靠近腹部那一側,以手指肉墊對著那塊內壁轉圈按摩。

8. 按摩速度不緩不快,韻律一致。如接受按摩者是男性,自會有一股壓力,擠向體內緊靠攝護腺的膀胱,並刺激到精囊,而感到陣陣快感。

自己動手

攝護腺緊貼直腸前壁,自己很難伸進手指刺激,必須藉助情趣用品。有一款完全為了這項目的而設計的「攝護腺激發器」,在日本引爆瘋狂愛用潮。

它利用人體工學的曲線與弧度,全長13.5公分,有著特殊彎弧,可以深入體內,觸及攝護腺。自行使用,便能充分按摩,刺激快感。■

052

後庭開出一株開心果

偶爾肛交換花樣

本招祕訣

肛門快感絕不獨厚男同性戀者；只要方法得宜，身體懂得放鬆，異性戀男性、女性都可能會有刺激感、快感。插入者需以溫柔、緩慢、漸進方式插入，保持停看聽。接受肛交的新手，應採取坐交。

肛交，在人類歷史上存在久遠。它可以不破壞處女膜，也能避免懷孕，古代起就是一種常用的性交替代法；但是，這並不意味著肛交本身沒有快感。

在東、西方古代繪畫、雕塑中，都不乏這類肛交主題出現。在歐洲古時期，肛交還被稱做「希臘式性愛」（Greek love）。

清朝小說《姑妄言》，第十三回有一段描寫肛交的情景，即顯示男女主人翁樂在其中：

阮優道：「我同妳背後走得多次了，今日弄個新樣兒。」

郟氏道：「怎樣弄法？」

阮優道：「等我仰睡著，妳跨上我身來，臉向腳頭，背套在屁眼內，妳兩手拄在褥子上，我用手摟著妳的屁股，一起一落，看那出進的勢子，妳低了頭也看得見，可不妙麼？」

郟氏也就依他，便不見說話，只聽得吁吁喘氣……

近年，肛交玩法逐漸在市面的A片中增多了起來。過去人們視作冷門情趣的肛交，

現在開始加溫了。

美國有一家知名品牌「Seymore Butts」，專門以肛交為訴求，闖出響亮名號。男演員們無論跟女演員如何翻雲覆雨，絕少不了摘後庭花的鏡頭，以取悅喜歡觀賞女人肛交的男性市場。

由於「Seymore Butts」在市場上異軍突起，連「Showtime」電視頻道都很好奇這一行的新興現象，以紀錄片方式拍攝「Seymore」家族企業的生意經，也讓觀眾從旁認識新起的肛交文化。

知名度頗高的情色天王洛可（Rocco Siffredi）是道地的肛交熱愛者，每部他拍的A片都少不了與女人肛交。他本身也喜愛被女演員舔肛門，不亦快哉，甚至不忌諱女人舔他菊花被拍進畫面。

可見，不論是在異性戀、同性戀情慾世界中，肛門快感已不像過去是一片冰原，而出現些許初春好景了。

爽法祕術

肛交，不僅指肛門性交，凡以陽具、手指、情趣用品插入肛門獲得快感，都算肛交，或肛門性愛（anal sex）。

一般觀念中，以為只有男同性戀者才享受肛門快感，實情並非如此；在相關研究調查中，異性戀男人和女性們對肛交也有舒服感受，有一定的偏愛比例。

經過充分的前戲放鬆，以及大量潤滑液提供無阻感，肛交會讓受插者不論男女，都有「充足飽實」（full）況味。在實驗報告中，有些女性認為一邊肛交，一邊撫弄陰蒂，比陰道快感還美味。

一些女性表示，過去她們壓根不會想到肛門也能產生快感，所以試都不曾試，或想都不曾想過。直到，她們生命中結交了不同的

男友，剛好碰上其中有喜歡肛交者，才使她們開了竅「門」，享受從未有過的情趣。

只要了解肛交為何會帶來快感，做起來便不會覺得怪異，以下是快感的起因：

男人G點發威，肛交快感洶湧

男人享受攝護腺（又稱「男人的G點」）快感，自古以降文獻都有記載。

譬如，《海蒂報告》指出，有些男性確實喜歡攝護腺被刺激的快感。受訪幾位男子的女友主動以手指壓迫其會陰，讓他們無意中發覺，這樣施壓能增強射精強度。

逐漸地，她們試探性將手指伸入肛門，輕輕按摩他們的攝護腺位置，製造難以言喻的快感。

有人形容那種高潮是「全面爆炸」，有人比喻「擊發了至樂的感受」，有人宣稱「我彷若重新又做了處男」。

書中，有位男子說當射精（不管性交，或對方幫他打手槍）剎那，只要加上女友伸進手指刺激攝護腺，前後夾攻，那快感比平常強烈許多。

雖然，有些女友主動發現了男伴的快感來源，但基於傳統男性的尊嚴，以及害怕被懷疑是同性戀，男伴們事後都不敢提出要求。只有靠女友隨時想到了，「施以小惠」，他們才得以重享攝護腺快感。

換過來，如男性為摘後庭花者，常因肛門的緊，勝過陰道的緊，插入肛門抽送，被括約肌夾住的滋味大不同，而偏愛這種紮實的緊束感。

在此，必須強調：肛門快感，絕不僅獨厚男同性戀者；只要方法得宜，身體懂得放鬆，異性戀男性、女性都可能會有刺激感、快感。

插入者注意：剛入貴寶地，停看聽

插入者需以溫柔、緩慢、漸進方式插入，一進入直腸，就保持不動，讓括約肌保持擴張，習慣插入物。

等一段時間，受插者括約肌開始習慣被撐大的感覺，插入者才緩緩地再往前插入一些。當深入一點時，不可躁進，一樣保持不動，繼續讓括約肌多幾次適應。

插入者需很有耐心，每次都停一陣，才又擠入少許。如果直搗黃龍，不懂疼惜，受插

者括約肌一有敵意，心裡就慌張，恐怕再也不肯嘗試。

插肛時，陽具大約插入一半，即可緩緩拔出，也同樣是拔出一點，便停著；等一會，再拔出一點。

接下去，視雙方情況而定，看這樣緩進緩出必須維持到幾回合。插入者停看聽，觀察受插者適應的表情，或詢問對方，才能決定是否加快速度抽送。

肛門，不像陰道會分泌體液，肛交時務必在肛門與保險套上塗抹大量潤滑液，以最無阻力的情況，順利進出。

受插者注意：採取坐姿，自行「芝麻開門」

初次肛交者身心難免緊張，此時全身要盡量放鬆，腦子下指令給肛門不必緊縮。

記著，肛交只有當括約肌鬆開後，讓插入物一抽一送，才可能有快感。一旦緊張，括約肌緊縮，便自然會排擠進入的異物，而有便秘的刺痛感。這種疼痛，讓人們視肛交為畏途。

當龜頭、按摩棒、假陽具剛頂著肛門，準備用力擠進去時，受插者最佳的迎賓之道，就是假想自己正在如廁，腹部用力排便。

因受插者由體內施力向體外排擠，肛門括約肌會較為鬆開，讓龜頭、按摩棒、假陽具不必用力擠，就能通過括約肌。

接受肛交的新手，應採取坐交，由自己控制動作。待對方躺平後，以肛門對準他的陰莖慢慢坐下。過程中，受插者自行掌控速度，隨時感覺不舒服、不適應，立即停止或放緩動作。等適應了，又繼續上路。

更保險的方法：先行練習，以假陽具、按摩棒、肛門拴，或手指頭插入肛門。多練幾回，括約肌較能放鬆。

若是使用情趣用具，必須留意插入角度。不要筆直地插進去，應以略微上揚的角度，才能順著直腸弧度。

不過，倘若嘗試幾次都感到不適，也無須勉強。

穿戴式假陽具，偶爾來點新花樣

西方開始流行一股風氣，女性戴上一種「穿戴式假陽具」（strap-on）情趣用品，跟她的男伴顛龍倒鳳一番。

「穿戴式假陽具」是由一根假陽具結合褲腰束帶，讓女士穿在胯下，便能模仿男性挺著陽具。然後男方趴下去，一改傳統的插入者角色，反串被插入者。

　　過去這種情趣用品的顧客群，幾乎都是女同志，由扮演T的角色穿戴。

　　近年來風氣變了，據國外情趣店估計，現在新一批的愛用者是異性戀伴侶。不管心理、生理上，不少女人開始享受起插入男人的新穎快感了。

　　坊間也推出頗受歡迎的「男友趴下去」（Bend Over Boyfriend）系列影片，指導夫妻、情侶如何享受新的閨房情趣。

　　片中一位男生被女友套上「穿戴式假陽具」插入後庭，大騎特騎，嚐到新鮮味。他表示很樂意體驗被插入的感覺，一方面刺激攝護腺，的確製造快感；另一方面，有此經驗後，他就知道交媾時女友的感受了，等下次恢復他插入女友時，更能領會如何變換招式、力道、角度，讓女友高潮迭起。

　　「我願意為妳爬上天空摘月亮」已經不流行了，現在最體貼的情話是：「我願意——為妳趴下去。」■

兵器械法

兵器械法

現代稱情趣用品，古時稱為淫具。說到淫具，想起一則故事。

據說劉備入主四川後，頒禁酒令，有人密告某仕紳私釀，但家中查無藏酒，僅有釀酒器具。劉備大怒，下令收押。

一生追隨劉備的簡雍天性幽默，就指著路上一對說笑男女，說二人正欲行淫，請主公收押治罪。劉備不解，「卿何以知之」？簡雍答道：「因這兩人隨身帶有淫具。」

劉備這才一笑，知其所指，釋放了仕紳。

乖乖，搞半天，原來最大的淫具是在我們身上，男男女女每天隨身帶著淫具趴趴走，存何居心哪？

不打嘴炮，只打長程大砲

特殊光圈愛撫器

朋友間只要有人說進入「遠距離關係」，大夥兒便一陣欷噓，好像相命者早看出玄機，唉，沒救了，必分無疑。

英國「遠程科技實驗室」發明一種名叫「Mutsugoto」的設備，讓相隔兩地的戀人或夫妻善加利用，情趣不打烊。

用法是在兩方身上各安裝一個觸控環，天花板上安置一個攝影機。當甲方的手在身上遊移時，相機即展開追蹤。

當兩人同時觸碰相同一點時，燈光會產生顏色變化，提醒兩人繼續加強，使勁撫摸，既像在自慰，也像在替對方手淫。

燈光閃亮跳動，使習慣現代聲光音效的人，更容易產生投入感，感覺似在裝著閃光器的舞台上做愛表演，給底下眾多觀眾欣賞。

「Mutsugoto」可能成為下一波的電腦科技新寵兒，讓伴侶或露水野鴛鴦，都能躺在如舞台的床上，打開特殊光圈在身上遊

動，感受摸彼此哪裡最難以禁受？哪裡很癢必須止癢？有如一部星際時代未來的做愛啟示錄。

水水粉粉一株菊花

屁眼漂白術

這真是一樁令人「眼」界大開的消息，根據「紐約觀察家報」，現在美容業最新的服務項目「漂白屁眼」（anal bleaching 或 bleaching anus），也稱「屁眼刨光」（anal waxing）。

這股風氣從美西吹到東岸，曼哈頓時髦人士趨之若鶩。此一說法絕不是「白」賊七，亂誆一通。不然你試試看，只要在維基百科網站Wikipedia鍵入第一段那些英文詞彙，真的會跳出解說內容。

美國女優塔貝莎（Tabitha Stevens）在參加「霍華史東」廣播脫口秀時透露，她剛做完這種美容，說完還向史東展示「成果」。

一個是擅長講鹹濕內容的知名主持人，一個是色情片女星，兩人當場在錄音室「眼」對「眼」，看得皆大歡喜起來。後來，錄音室的工作小組也被說服了，紛紛訂購漂白屁眼的乳膏。

所謂漂白屁眼，就是消除屁眼周邊的黑色素，展現紅潤。它最早開始於2000年，洛杉磯是發源地，顧客群為一些好萊塢的女星，然後消息漸漸散播，連一般愛美的女性加入行列。

其中0.5成是基於特殊職業需要的男性，他們除屁眼外，還會漂白陰囊、陰莖。

每一次治療費150美元，因每人屁眼黑色素沈澱程度不同，療程長短也就不同，美容業者建議以四次最適當。

據他們的說法，這種漂白叫做「給屁眼一張新面孔」。同時，他們也把漂白服務擴及陰核。

除了到店面去作這種黑「眼」圈美容，業者也生產專門漂白的乳膏，讓顧客DIY。好消息是這種乳膏，網路商店就買得到：（http://www.shopinprivate.com/anbleaccream.html）

下次如果從女生（或是gay bar）洗手間，聽到這樣的對話：「唉啊，你是在哪一家

做的？比我的還白。」你就不要太大驚小怪了。

爽到高處，聽到入骨處

做愛＆哪種音樂最麻吉？

做愛時，全身總動員，耳朵當然也不會閒著。

除了身體器官發出聲音令人陶醉外，拿真正的音樂當做愛背景旋律，也相當能助「性」。

推薦做愛時可加倍麻吉的音樂風格：

巴薩諾瓦（Bossa Nova）

巴薩諾瓦，是一種融合巴西森巴音樂、美國西岸酷派爵士，也吸收一點曼波音樂的全新巴西樂風，有人稱「新酷派爵士音樂」，形容為「冰與火的融合」。

它帶著巴西海風的鹹濕味，與午後陽光慵懶的調調。有人說，如果有一種音樂能讓女人都瘋狂的話，一定非巴薩諾瓦莫屬；甚至不嫌誇張地說，巴薩諾瓦輕快熱情的旋律，能鼓起性衝動。

巴薩諾瓦的音樂與節奏都很優美，歌詞則充滿了浪漫，如愛、鮮花和歡笑。

【推薦歌手】

1.小野麗莎

有「巴薩諾瓦天后」之稱，出生巴西，演唱巴薩諾瓦曲風，很有巴西音樂感染力，帶點日本文化特有的冥想氣質；「左岸香頌」，就是很好的選擇。

2.胡賓

如果你喜歡道地原始風味，就該聆聽「巴薩諾瓦之父」安東尼‧卡洛斯‧胡賓的作品。

【推薦樂曲】

〈來自依帕內瑪的姑娘〉（Girl from Ipanema），是胡賓傳世曲，也被視作巴薩諾瓦經典曲。

這首歌來源十分浪漫，是胡賓為了誌念在「依帕內瑪」海灘邂逅的一位飄逸女子。此曲輕盈、優雅，聽起來像情人在耳畔懶洋洋地呢喃，十分性感。

如果你不喜歡歌詞分心，也可選擇樂器演

奏版本、純音樂、無歌詞的巴薩諾瓦歌曲又是另一種風味，像肯尼基以薩克斯風吹奏過這支動人的「依帕內瑪姑娘」。

在一開始耳鬢廝磨之際，這首歌頗能抒解緊繃情緒，帶入忘我情境。

【適用對象】

如果你／妳是那種做愛時有點龜毛、身體放不開、腦子太冷靜的人，那麼巴薩諾瓦舒懶風格的旋律，非常助於放任身體漂流，會是很好的催情劑。

在音樂高潮中一起丟了
兩人收聽的情趣音樂盒

想想這個畫面，一對伴侶做愛時，都戴著耳機，同時收聽從一個來源（如最流行的MP3）播放的音樂。兩人聽到旋律最巔峰時，都感覺被潮水沖刷的音符震動，而在同一時間達到生理高潮。

套句中國章回小說，這就是「一起丟了」；但等等，以上這段可不是在寫小說，而是現代科技福音！

英國最大情趣商LoveHoney推出一項絕妙禮盒產品——世上首創的情趣音樂盒：iBuzz Two vibrator。它是一只音樂盒，可連結兩副耳機，讓情人在做愛時一塊收聽。不同於一般的是，這個新產品另附有震動跳蛋、陰莖環，分別讓女性、男性使用。

當一邊收聽婉轉音樂時，一邊把跳蛋放入女性體內，並將陰莖環套在男性陽具上。此時，情侶們不僅可以同時陶醉在迷人、煽情音樂中，還可感覺高震動的音符「砰砰砰」在敲打兩人的敏感私處，上下交相攻，非要你們「棄械腿軟」。

最喜歡以民意調查性行為的英國，舉行網路性感音樂（sexy music）調查，發現男女皆認為克莉絲汀（Christina Aguilera）的〈Dirty〉營造浪漫做愛的氣氛，最能描述他們的性生活。在音樂類型上，他們認為節奏藍調（R&B）最能表現夜晚的柔美。

在歌詞上，女性對「amazing」（神奇）、「easy」（放輕鬆）等字眼較有感覺；而男性偏愛「panic」（驚慌）、「toxic」（有毒的），口味則差異較大。

隨音樂顫動的跳蛋、陰莖環一共有11種變

速，想來軟的、來硬的，都可應付。

以前做愛時，小倆口只能哼哈兩聲叫叫春，總算有點旋律。現在，兩人不必那麼克難了，可在做愛時，一面聽音樂會，一面調整跳蛋、陰莖環強度，全身「上下」都一起陶醉。

這或許才叫真正的「知音」，仙樂飄飄中，二人就攜手共赴巫山去也。

照亮她的私處

「眼睛假陽具」

很多人都對「你照亮我的生命」朗朗上口，但若改一個詞，變成「你照亮我的陰道」，那……咳，是怎麼一回事啊？

有點怪，聽起來卻又似乎有點好玩，這是哪一種甫誕生的閨房情趣嗎？

沒錯，這種新上市的情趣用品，號稱最狂野、最火辣，叫做「眼睛假陽具」（eyeDildo）。

它是一根通體透明的長棒子，頭部裝置發出淡藍光的光源和攝影機，棒身連著一條電線，可接上電腦或電視螢光幕。

當「眼睛假陽具」伸入女性陰道進行抽送時，螢幕上便會顯示陰道內壁的影像，例如就來嘗試找尋一直被人歌頌、卻老令人摸不著頭緒到底在哪裡的「女性G點」。

由於，光源安置在按摩棒頭部，當它伸向女性私處，靠著清晰藍光，就能仔細觀看陰核、大小陰唇。

人們做愛很少這麼鮮明地觀賞女性器官，如今有這個法寶，愛看哪裡就看哪裡，多了視覺挑逗，將增加前戲樂趣。

專家建議伴侶玩「醫師與病人」遊戲，這種遊戲乃閨房裡最能促進煽情成分的「角色扮演」。男生扮醫師，拿起這根光源按摩棒，假意為女病人檢查身體……接下去的劇情就不必專家代勞，遊戲者自己編。

女人自慰時，拿著「眼睛假陽具」也可增添新趣味；一邊看，一邊調整陽具頭部觸碰的陰道內壁。在螢幕示意下，這裡按按，那裡頂頂，對自己的陰戶展開「國家寶藏大搜奇」，遠比單純機械式自慰多一層意思。

千舌施絕技

LoveHoney Sqweel

　　一般在口愛時，全憑一條舌頭進進出出，人工操作；有時，對方很能拖，弄得嘴皮子還真不是普通累。

　　情趣用品設計界終於體恤起嘴巴的勞苦功高，推出針對陰核自慰的「LoveHoney Sqweel」。這是仿效果蝠靈活絕妙舌頭的口交器，據稱用過的人感到不可思議的舒暢。

　　「LoveHoney Sqweel」造型像一個小電風扇，只是扇葉不在中央，而座落在圓輪的圓周上。

　　它赫然有十片軟皮矽膠粉紅色扇葉，每一片扇葉形狀都做成人類舌頭的模樣，舌尖微微上翹，中央還隱約有一條舌筋，看起來氣色健康。

　　它的外型十分現代感，如果說情報員007會帶什麼樣的情趣用品在身上，當祕密武器，鐵定是這款超炫的摩登玩意。

　　當開關一開，十片軟皮扇葉便會自動快轉，一片片滾動，快速摩擦女性陰核。十片舌頭化身武林高手，使出「幻影千手拂」。

　　它不斷地頂在敏感的陰核上，宛如一個舌頭永不倦怠，持續口交的好情人，哪個女人不被「乖乖摸頭」？

　　「LoveHoney」是英國一家知名情趣製造商，「Sqweel」是他們最新革命性產品。（www.lovehoney.co.uk）

閨房「綠具人」

手搖動的環保假陽具

　　在環保意識高漲的今日，別張揚你不知道什麼叫「綠色陽具」（green dildo），不然等於你承認沒聽說過「節能減碳」一樣老土。

　　地球暖化，無一處倖免，當然連你家閨房也逃不掉。因此，床戲活動也可及早做出貢獻：使用最新出爐、行情最夯的綠色陽具，第一支「Wind-Up Sex Toy」。

　　綠色陽具，擺脫了按摩棒、假陽具都得依靠電力、電池，才能啟動的觀念。在「Earth Angel」研發下，以回收資源為素

材，動力則來自最原始的手拉轉動。

綠色陽具底部有一條長勾子可扳出，以順時鐘方向連續轉動四分鐘，就能震動半小時，帶給你全新的「自慰崇高感」。

多棒多快活呀，靠自己先付出四分鐘勞力，蓄積成為一股「不假手他人」的能量，等待欲自慰時，那能量涓滴轉化為震動陰戶的快樂。

女性消費者喜樂地覺得，我的高潮對大地之母是毫無負擔的！

「要怎要收穫，先要怎樣栽」，這句話用在綠色陽具最傳神：我待會要怎樣爽，我現在就要怎樣手轉動。四分鐘累一下，換取半小時高潮，性高潮居然是可以量化了，這對一向不解性高潮為何物的女人，說不定反而開竅，在數字中計算之下，因此獲致高潮。

這是什麼味道？

奪魂陰戶香水

在求愛這齣大戲中，「視覺」一直是最佳女主角。但近年來，往常比較受冷落的

「嗅覺」，頗有後來居上架勢。

一「見」鍾情，以後恐怕要改說一「聞」鍾情了。許多動物的嗅覺都比人類靈敏，不少是以味道吸引異性，藉以繁衍後代。

近來，科學界發現從前只在動物身上散發的麝香，其實在人類身上也找得著，那就是「費洛蒙」（Pheromone），亦稱「信息素」。雖然它無形無色，甚至人類的鼻子未必聞得出來，也就等於無味；但它的確存在，也默默在發揮神奇的功能。

市面上，已經買得到費洛蒙香水，分為淡淡香味、完全無味兩種，可根據個人需要選購。

除了費洛蒙香水，現在還有一款模仿女性陰部味道的香水，叫做「VULVA」（女性私處）。廣告詞說，這種氣味曾在做愛時讓男人銷魂。男人不必有對象，也能隨時隨地拿出「VULVA」嗅，成為一尾活龍。

「吃蔬果」有益健康

有請黃瓜兄台

在逛網站時，偶爾看到一些怪照片，才知

道小黃瓜除了做菜，還有自慰用途，省下一筆情趣用品預算。

基於黃瓜造福人群，尊稱它一聲「黃瓜兄台」，沒有功勞也有苦勞。

有人那麼愛「吃素」，包括黃瓜、胡蘿蔔、玉米、長條狀的甜薯，以及水果香蕉，或許都是肇因於此。

根據網路調查，勇奪女性青睞第一名是黃瓜，形狀、彎度與體積都恰好，表面光滑（還有微微顆粒呢），帶著一縷蔬果清香，也滿好抓握，集好處於一根。

說到黃瓜香，很多人不懂門道，只知其一，不知其二。相關研究文獻指出，黃瓜、甘草、爽身粉的味道都有助提高女人慾望。

特別是黃瓜飄散淡淡清香，讓女性聞之容易放鬆神經，提醒她們下廚切菜時的溫暖與窩心，和一股「廚房是我地盤」的安全感，會助益她們在性愛時身體釋放緊張、較有自信，並專心投入。

專家建議在枕頭下放一個黃瓜香包，飄出氣味，會在愛愛時如「摩擦神燈」，冉冉升起一個歡樂精靈。

藉助氣味在房事發功，不僅女人受惠，男性也有「提拔」恩人，例如實驗明肉桂、南瓜味道，就能助長陽具更充血。

一項實驗以18～64歲男性為對象，測試46種食物氣味，報告出爐：南瓜、肉桂與薰衣草三種混合的氣味，能使陽具血液流動增加40％。

同一項實驗結論，女性最佳催情劑如前述，黃瓜與甘草混合香味，能增加陰道血液流量13％。

而使女人「不舉」的是烤肉香、櫻桃。還有些女人嗅到男性各種品牌香水，慾望會下降1％。雖然不明顯，但那些擦濃香水上床的男人，還是趕緊變招吧，別再以為是香噴噴的唐潢再世了。

其他

還有一款強化女性快感的產品「Slightest Touch」，它把接通電線的軟墊貼在腳踝，打開主控器開關，極輕微的電流便會刺激女性恥骨附近的神經，增加性活動時的感知能力。

宅男祕密武器

自慰杯

聽說，台灣不少消息靈通的男生們已不可自拔，「深陷」在日本新產的這款男性專用自慰器裡。

此一系列新品叫做「tenga自慰杯」，計有五款，根據女性五種體位的「特殊通道」設計而成。

從外表看，紅銀兩色相間，長得像一條粗大的髮膠塑膠瓶，絕對是宅男最好的掩護，放在書架上也不怕嚇到打掃房間的媽媽。

自慰杯不可貌相，裡面可大有洞天，以透明軟膠製造，五款各自有其不同的內部真空路線，有的是一圈顆粒環，有的是凹狀槽，有的鋸齒層……都是模仿女體工學，即女性在不同體位時呈現的器官「走勢」，讓男性進入時宛如身歷其「境」（如深喉嚨杯、男坐姿女在上杯）。

與傳統情趣用具大異其趣的是，這五款自慰杯的橫切面剖視圖，幾乎跟工藝品的設計圖一般，充滿了機械感，毫無女性器官或予人任何性的聯想。

儘管如此，仍擄獲男生們歡心，科技跟性感終於結合為一。

古今大騷貨

羊眼圈

羊眼圈，取自牡山羊帶著睫毛的眼皮，性交時套在陰莖上，抽送時會與陰道產生摩擦，增加女人快感。

羊眼圈另有好處，可阻血液回流，助男人金槍不倒。

天下第一色西門慶隨身攜帶淫器包，裡面即有號稱「四大淫具」之一的羊眼圈，他曾用此物讓李瓶兒「抽」身不得，頻呼哥哥啊哥哥求饒。

古人淫具一籮筐，像西門慶也常用銀托子，是半弧形的托片，陰莖硬度若不足，綁著銀托子照樣虎虎生風。嫌不夠？還可上下兩片夾住陰莖，成了雙托子，那話兒如套上銀鞘，再固守的城堡都熬不過這般頂門攻勢。

還有以下幾種：「硫磺圈子」，類似彈性好的橡膠，套在龜頭或根部，加粗陰莖，讓女人更銷魂。

　　「緬鈴」是金屬製光滑小球，放入陰道內滾動，刺激更深快感，像現代跳蛋功能。

　　其他像「相思套」、「懸玉環」、「雙頭淫具」，望文可生義。■

做愛，圖個爽快。

爽經 / 許佑生作. -- 初版. -- 臺北市：大辣出版：大塊文化發行, 2011.08　　面；　公分. -- （dala
sex ; 29） ISBN 978-986-6634-16-1（平裝）1.性知識 2.性關係　　429.1　　　　100014573

not only passion

not only passion